兽医传染病学实验指导

动物医学类专业用

刘晓东　主编

中国农业大学出版社
·北京·

内容简介

《兽医传染病学实验指导》以《兽医传染病学》教材为蓝本，结合动物医学类专业人才培养目标和本学科发展现状，参考国内相关院校的动物传染病学实验指导和国内外最新相关技术标准、规范和研究成果，结合畜牧业生产现状，有选择地编写了22个最常用的动物传染病实验。本书附录部分内容可供不同学校自行选择。

本书内容充实、实用、系统，可作为动物医学类专业本科生、专科生、研究生的实验课教材以及大中专院校相关专业师生、科研人员、基层技术人员的参考书。

图书在版编目(CIP)数据

兽医传染病学实验指导 / 刘晓东主编. —北京：中国农业大学出版社，2017.5
ISBN 978-7-5655-1824-9

Ⅰ.①兽…　Ⅱ.①刘…　Ⅲ.①兽医学-传染病学-实验-高等学校-教学参考资料
Ⅳ.①S855-33

中国版本图书馆CIP数据核字(2017)第114485号

书　名　兽医传染病学实验指导
作　者　刘晓东　主编

策划编辑　赵　中　　**责任编辑**　王艳欣
封面设计　郑　川　　**责任校对**　王晓凤
出版发行　中国农业大学出版社
社　址　北京市海淀区圆明园西路2号　　**邮政编码**　100193
电　话　发行部 010-62818525，8625　　读者服务部 010-62732336
编辑部 010-62732617，2618　　出　版　部 010-62733440
网　址　http://www.cau.edu.cn/caup　　**E-mail** cbsszs @ cau.edu.cn
经　销　新华书店
印　刷　北京溢漾印刷有限公司
版　次　2017年11月第1版　2017年11月第1次印刷
规　格　787×1 092　16开本　8印张　190千字
定　价　20.00元

图书如有质量问题本社发行部负责调换

编审人员

主　编　刘晓东（青岛农业大学）

副主编　（以拼音为序）

顾金燕（南京农业大学）

黄小波（四川农业大学）

李桂梅（青岛农业大学）

李军伟（青岛农业大学）

秦晓冰（青岛农业大学）

王晓杜（浙江农林大学）

温建新（青岛农业大学）

杨瑞梅（青岛农业大学）

朱紫祥（中国农科院兰州兽医所）

审　定　单　虎（青岛农业大学）

前　　言

《兽医传染病学实验指导》是面向动物医学类专业本科生、专科生和研究生的实验教材，是在学生初步掌握兽医传染病基础理论知识后，进一步指导学生使用传染病学实验技术的一门实验课程教学用书。

本书通过详细介绍重要的传染病学实验操作，加深学生对动物传染病学基础理论及技能的理解掌握，培养学生正确选择、使用动物传染病学的实验技术，学会病料采集、实验室诊断及各类检疫方法，掌握正确记录、处理和分析实验数据，养成严肃认真、实事求是的科学作风，为今后从事兽医学相关工作打下坚实基础。

本书与《动物传染病学》教材相配套，结合动物医学类专业人才培养目标和本学科发展现状，制定符合全国主要农业高等院校动物医学专业的教材大纲，编写内容涵盖面广、重点突出、实用性强。本书共编写了 22 个最常用的动物传染病实验。编写过程中突出实验原理、关键操作，并设置复习题与作业，有利于学生发挥能动性，并开拓学生的思维能力及自行设计实验的能力。

本书由单虎教授审定，并得到中国农业大学出版社和参编院校的大力支持，在此一并表示感谢。

限于编者的水平，本书缺点、错误一定不少，敬请同行及师生批评指正。

编者

2017 年 6 月

目　　录

兽医传染病学实验室须知

在兽医传染病学实验中，接触的实验对象多与患病动物及其病原微生物有关，稍一疏忽就可能引起疾病传播，甚至危害自身。因此，实验过程中必须严格遵循兽医传染病学实验室操作规程，具体措施如下：

1. 接近患病动物或实验操作时，必须穿着工作服并戴手套，不得在实验室内穿露脚趾的鞋子。在进行可能直接或意外接触到血液、体液及其他具有潜在感染性材料的操作时，应戴上手套。如可能发生感染性材料溢出或溅出，宜戴两副。如可能发生溅出时，应戴面罩。不得戴着手套离开实验室。工作结束后应除去手套，洗手液流水洗手。严禁穿着工作服离开实验室。

2. 实验操作期间，禁止在实验室工作区域进食、饮水、吸烟、化妆、处理隐形眼镜及储存食物等。手及面部有伤口时，应避免操作危险材料，必须操作时应涂碘酒，用胶布包扎，或戴橡皮手套。

3. 危险材料及其污染的器物处理：

(1) 使用病理性材料时应严格无菌操作，盛放器皿应轻拿轻放，确保液体不能流出。对于可能产生致病性微生物气溶胶或出现溅出的标本操作(如痰、脑脊液、分枝杆菌培养及抗酸涂片检查等)时，应戴口罩并且应在生物安全柜内操作。

(2) 实验用过的动物尸体，内脏、血液等废弃病料，以及废弃的病原培养物、生物制品等须深埋或经过严格消毒处理(焚烧、煮沸、高压灭菌等)，严禁将未经消毒的危险性材料直接丢弃。

(3) 用过的棉球、纱布、吸水纸等污物须置于固定容器内统一消毒处理，不得任意抛弃。

(4) 使用后被污染的器械、器具应定点存放，统一清洗、消毒，不得随处乱放。

4. 意外事故的处理：万一危险性材料溅出或打翻，或出现其他意外，应立即报告指导教师进行及时正确的处理。

(1)手指及皮肤被扎伤、污染，受伤人员应当脱下防护服，清洗双手和受伤部位，立即用2%来苏儿(或其他适当的消毒药)洗涤，或2%碘酊棉球擦拭，然后用75%酒精棉球再次涂擦。

(2)危险性材料溅入眼中，应立即用清水或5%硼酸溶液冲洗，必要时立即就医。

(3)危险性物品吸入口时，应用清水或10%硼酸溶液漱口，必要时立即就医。

(4)衣帽被污染，可用5%石炭酸、10%福尔马林等浸湿消毒，必要时须用碱水煮洗或高压灭菌。

(5)桌面、地板或地面被污染时，应用5%石炭酸或10%福尔马林或其他适当消毒药液蘸湿布片覆盖，30 min后拭去洗净。

实验一　消　　毒

目　　的

1. 掌握禽场和猪场消毒方法。
2. 掌握消毒药物的配制方法。
3. 掌握检查消毒质量的方法。

内容及方法

一、禽场消毒

(一)禽场入口消毒

禽场入口是禽场的通道,也是防疫的第一道防线,消毒非常重要。

1. 车辆消毒池

禽场入口必须设置车辆消毒池,车辆消毒池的长度为进出车辆车轮 2 个周长以上。消毒池上方最好建有顶棚,防止日晒雨淋。消毒池内放入 2%～4%的火碱(氢氧化钠)溶液,每周更换3 次。北方地区冬季严寒,可用石灰粉代替消毒液。有条件的可在禽场入口处设置喷雾装置,喷雾消毒液可采用 0.1%百毒杀溶液、0.1%新洁尔灭或 0.5%过氧乙酸。

2. 消毒室

场区门口和禽舍门口要设置消毒室,人员和用具进入要消毒。消毒室内安装紫外线灯(1～2 W/m^3);有脚踏消毒池,内放 2%～5%的火碱溶液。进入人员要换鞋、工作服等,如有条件,可以设置淋浴设备,洗澡后方可入内。脚踏消毒池中消毒液每周至少更换 2 次。

(二)场区环境消毒

1. 平时消毒

平时应做好场区环境的卫生工作,定期使用高压水洗净路面和其他硬化的场所,每月对场区环境进行一次毒。禽场周围环境保持清洁卫生,不堆放垃圾和污物,道路每天要清扫。禽场、禽舍周围和场内的道路每周要消毒 1～2 次,生产区的主要道路每天或隔日喷洒消毒,使用 3%～5%火碱或 0.2%～0.3%过氧乙酸喷洒,每平方米面积药液用量为 300～400 mL;如果发生疫情，场区环境每天都要消毒。

2. 进禽前的消毒

进禽前对禽舍周围 5 m 以内的地面用 0.2%～0.3%过氧乙酸，或 5%的火碱溶液，或 0.5%的甲醛溶液进行彻底喷洒；禽场道路使用 3%～5%的火碱溶液喷洒；禽舍内使用 3%火碱（笼养）或百毒杀、过氧化氢喷洒消毒。

（三）禽舍门口消毒

每栋禽舍的门前要设置脚踏消毒槽（消毒槽内放置 5%火碱溶液），进出禽舍最好换穿不同的专用橡胶长靴，在消毒槽中浸泡 1 min，并进行洗手消毒，穿上消毒过的工作衣和工作帽进入禽舍。

（四）禽舍消毒

禽舍是家禽生活和生产的场所，由于环境和家禽本身的影响，舍内容易存在和滋生微生物。

1. 空舍消毒

家禽转入前或出售后，禽舍空着，应进行彻底的清洁消毒，为下一批家禽创造一个洁净卫生的条件，有利于减少疾病和维持禽体健康。

为了获得确实的消毒效果，禽舍全面消毒应按禽舍排空、清扫、洗净、干燥、消毒、再干燥、再消毒的顺序进行。

禽舍消毒的步骤如下：

1）清理清扫　新建禽舍，清扫干净禽舍；使用过的禽舍，移出能够移出的设备和用具，如饲料器（或料槽）、饮水器（或水槽）、笼具、加温设备、育雏育成用的网具等，清理舍内杂物，然后将禽舍各个部位、任何角落所有灰尘、垃圾及粪便清理、清扫干净。为了减少尘埃飞扬，清扫前用 3%的火碱溶液喷洒地面、墙壁等。通过清扫，可使环境中的细菌含量减少 21%左右。

2）冲洗　经过清扫后，用动力喷雾器或高压水枪进行洗净，洗净按照从上至下、从里至外的顺序进行。对较脏的地方，可事先进行人工刮除，并注意对角落、缝隙、设施背面的冲洗，做到不留死角，不留污垢，真正达到清洁的目的。有些设备不能冲洗，可以使用抹布擦净上面的污垢。清扫、洗净后，禽舍环境中的细菌可减少 50%～60%。

3）喷洒消毒药　经彻底洗净、检修维护后即可进行消毒。禽舍冲洗干燥后，用 5%～8%的火碱溶液喷洒地面、墙壁、屋顶。为了提高消毒效果，一般要求禽舍消毒使用 2 种或 3 种不同类型的消毒药进行 2～3 次消毒。通常第 1 次使用碱性消毒药，第 2 次使用表面活性剂类、卤素类、酚类等消毒药。

4）移出的设备消毒　禽舍内移出的设备用具放到指定地点，先清洗再消毒。如果能够放入消毒池内浸泡的，最好放在 3%～5%的火碱溶液或 3%～5%的福尔马林溶液中浸泡 3～5 h；不能放入的，可以使用 3%～5%的火碱溶液彻底全面喷洒。消毒 2～3 h 后，用清水清洗，放在阳光下曝晒备用。

5）熏蒸消毒　能够密闭的禽舍，特别是雏鸡舍，将移出的设备和用具移入舍内，密闭熏蒸。熏蒸常用的药物是福尔马林溶液和高锰酸钾，熏蒸时间为 24～48 h，熏蒸后待用。经过甲醛熏蒸消毒后，舍内环境中的细菌可减少 90%。

熏蒸操作方法如下：

封闭禽舍的窗和所有缝隙。如果使用的是能够关闭的玻璃窗，可以关闭窗户，用纸条把缝隙粘贴起来，防止漏气。如果是不能关闭的窗户，可以使用塑料布封闭整个窗户。

根据禽舍的空间分别准确计算福尔马林和高锰酸钾的用量。可根据禽舍的污浊程度选用。

熏蒸操作选择的容器一般是瓦制的或陶瓷的，禁用塑料的(反应腐蚀性较大，温度较高，容易引起火灾)。容器容积是药液量的 8～10 倍(熏蒸时，两种药物反应剧烈，因此盛装药品的容器尽量大一些，否则药物易流到容器外，反应不充分)，禽舍面积大时可以多放几个容器。把高锰酸钾放入容器内，将福尔马林溶液缓缓倒入，迅速撤离，封闭好门。熏蒸后可以检查药物反应情况。若残渣是一些微湿的褐色粉末，则表明反应良好。若残渣呈紫色，则表明福尔马林量不足或药效降低。若残渣太湿，则表明高锰酸钾量不足或药效降低。

熏蒸效果最佳的环境温度是 24℃ 以上，相对湿度 75%～80%，熏蒸时间 24～48 h。熏蒸后打开门窗通风换气 1～2 天，使其中甲醛气体逸出，并喷洒 25%的氨水溶液来中和残留的甲醛。不立即使用的可以不打开门窗，待用前再打开门窗通风。

2. 带禽消毒

是指禽入舍后至出舍整个饲养期内定期使用有效的消毒剂对禽舍环境及禽体表喷雾，以杀死悬浮于空中和附着在体表的病原菌。

进雏时，应在雏禽进入禽舍之前，在舍外将运雏箱进行全面消毒，防止把附着在箱上的病原微生物带入舍内。遇到禽流感、新城疫、马立克氏病、传染性法氏囊病等流行时，须揭开箱盖连同雏禽一并进行喷雾消毒。进雏前一周，禽舍和育雏器每天喷雾消毒 1～2 次，以后每周1～2 次，育成期每周消毒一次，成禽可 15～20 天消毒一次，发生疫情时可每天消毒一次。

喷雾的药物有新洁尔灭 1 000 倍稀释液、10%的百毒杀 600 倍稀释液、强力消毒王 1 000 倍稀释液等。以地面、墙壁、天花板均匀湿润和禽体表微湿的程度为止，最好每 3～4 周更换一种消毒药。喷雾时应将舍内温度比平时提高 3～4℃，冬季寒冷不要把禽体喷得太湿，也可使用温水稀释；夏季带禽消毒有利于降温和减少热应激死亡。也可以使用过氧乙酸，每立方米空间用 30 mL 的纯过氧乙酸配成 0.3%的溶液喷洒，选用大雾滴的喷头，喷洒禽舍各部位、设备、禽群。一般每周带禽消毒 1～2 次，发生疫病期间每天带禽消毒 1 次。

3. 禽舍中设备用具消毒

饲喂、饮水用具每周洗刷消毒一次，炎热季节应增加次数，饲喂雏鸡的开食盘或塑料布，正反两面都要清洗消毒。可移动的食槽和饮水器放入水中清洗，刮除食槽上的饲料结块，放在阳光下曝晒。固定的食槽和饮水器，应彻底水洗刮净、干燥，用常用阳离子清洁剂或两性清洁剂消毒，也可用高锰酸钾、过氧乙酸和漂白粉液等消毒，如可使用 5%漂白粉溶液喷洒消毒。拌饲料的用具及工作服每天用紫外线照射一次，照射时间 20～30 min。

(五)人员消毒

(1)饲养人员在接禽前，需洗澡，并换上用过氧乙酸消毒过的工作服、工作鞋、工作帽等。

(2)饲养员每次进舍前需换工作服、鞋，过脚踏消毒池，并用紫外线照射消毒 10～20 min，手接触饲料和饮水前需要用过氧乙酸或次氯酸钠、碘制剂等溶液浸洗消毒。

(3)本场工作人员出去回来后应彻底消毒，如果去发生过传染病的地方，回场后进行彻底消毒，并经短期隔离确认安全后方能进场。

(4)每个管理禽舍的饲养人员要固定，不得随意更换，更不能随意出入其他禽舍。

(5)发生烈性传染病的禽舍饲养人员必须严格隔离，按规定的制度解除封锁。

(6)其他管理人员进入禽场和禽舍也要严格消毒。

(六)饮水消毒

家禽饮水应为清洁无毒、无病原菌、干净的自来水或深井水。但进入禽舍后，由于露在空气中，舍内空气、粉尘、饲料中的细菌可对饮用水造成污染。病禽可通过饮水系统将病原体传给健康者，从而引发呼吸系统、消化系统疾病。在病禽舍的饮水器中，能检出支原体病、传染性鼻炎、传染性喉气管炎等疫病病原。如果在饮水中加入适量的消毒药物则可以杀死水中带的病原体。

临床上常见的饮水消毒剂多为氯制剂、碘制剂和复合季铵盐类等。消毒药可以直接加入蓄水池或水箱中，用药量应以最远端饮水器或水槽中的有效浓度达该类消毒药的最适饮水浓度为宜。家禽喝的是经过消毒的水而不是喝的消毒药水，任意加大水中消毒药物的浓度或长期使用，除可引起急性中毒外，还可杀死或抑制肠道内的正常菌群，影响饲料的消化吸收，对家禽健康造成危害。饮水消毒应该是预防性的，而不是治疗性的，因此使用饮水消毒剂时要谨慎行事。要注意的是，在饮水免疫的前后 2 天(共 5 天)，千万不要在饮水中加入消毒剂，因为会影响免疫效果。

(七)垫料消毒

使用碎草、稻壳或锯屑作垫料时，必须在进雏前 3 天用消毒液(如博灭特 2 000 倍液、10%百毒杀 400 倍液、新洁尔灭 1 000 倍液、强力消毒王 500 倍液、过氧乙酸 2 000 倍液)进行掺拌消毒。这不仅可以杀灭病原微生物，而且还能补充育雏器内的湿度，以维持适合育雏需要的湿度。垫料消毒的方法是：取两根木椽子(便于后期清理)，相距一定距离(数厘米)，将农用塑料薄膜铺在上面，在薄膜上铺放垫料，掺拌消毒液，然后将其摊开(厚约 3 cm)。采用这种方法，不仅可维持湿度，而且是一种物理性防治球虫病的措施。同时也便于育雏结束后，将垫料和粪便无遗漏地清除至舍外。

进雏后，每天对垫料还需喷雾消毒 1 次。湿度小时，可以使用消毒液喷雾。如果只用水喷雾增加湿度，起不到消毒的效果，并有危害。湿度过高时，可在鸡舍地面铺设防潮层，适当提高舍内温度，加强通风换气，及时清除舍内潮湿的粪便和垫料，防止饮水器漏水等。这是因为育雏器内的温度和湿度，适合细菌和霉菌急剧增加，成为呼吸道疾病发生的原因。

清除的垫料和粪便应集中堆放，如无传染病可疑时，可采用生物热消毒法。如确认某种传染病时，应将全部垫料和粪便深埋或焚烧。

二、猪场消毒

(一)带猪消毒

1. 一般性带猪消毒

常用的药物有 0.2%～0.3%过氧乙酸，每立方米空间用药 20～40 mL，也可用 0.2% 次氯酸钠溶液或 0.1%新洁尔灭溶液。0.5%以下浓度的过氧乙酸对人畜无害，为了减少对工作人员的刺激，在消毒时可戴口罩。

本消毒方法全年均可使用，一般情况下每周消毒 1～2 次，春秋疫情常发季节，每周消毒 3 次，在有疫情发生时，每天消毒 1～2 次。带猪消毒时可以将 3～5 种消毒药交替进行使用。

2.猪体保健消毒

妊娠母猪在分娩前5天，最好用热毛巾对全身皮肤进行清洁，然后用0.1%高锰酸钾水擦洗全身，在临产前3天再消毒1次，重点擦洗会阴部和乳头，保证仔猪在出生后和哺乳期间免受病原微生物的感染。

哺乳期母猪的乳房要定期清洗和消毒，一般每隔7天消毒1次，严重发病的可按照污染猪场的状况进行消毒处理。

新生仔猪产出后，先用干布擦抹净小猪身上的黏液，然后进行保温，并及早让小猪吃上初乳，要保证舍内温度(舍温在25℃以上)。

(二)用具消毒

定期对保温箱、补料槽、饲料车、料箱等进行消毒。一般将用具冲洗干净后，用0.1%新洁尔灭或0.2%～0.5%过氧乙酸消毒，然后在密闭的室内进行熏蒸。

三、常用消毒药液配制方法

注意事项：消毒剂量和水(或其他溶剂)量要量准，以便配制成准确、合适的有效消毒剂溶液；严格控制所要求的消毒作用时间；药液应随配随用，最好在配制后24 h内用完，因某些消毒剂性质不稳定，贮存过程中易变质而降低杀菌效力。

(一)以药物商品剂型为百分之百的基数配制

计算公式如下：

欲配制浓度×欲配制数量＝所需药物量

欲配制数量－所需药物量＝加水量

例1-1：欲配制0.25%优氯净溶液8 kg，问需要优氯净原药多少克？水多少毫升？

所需原药量：0.25%×8 000 g＝20 g

加水量：8 000 g－20 g＝7 980 g＝7 980 mL

答：需要20 g优氯净原药，加7 980 mL水即可配成0.25%的优氯净溶液8 kg。

(二)以所含实际有效成分为基数配制

计算公式如下：

所需原药量＝(欲配制药液浓度×欲配制药液数量)/原药含量

加水量＝欲配制数量－所需原药量

例1-2：用含量为37%的甲醛水溶液配制成4%的水溶液1 000 mL，问需要原药量多少毫升？水多少毫升？

所需原药量＝(4%×1 000 mL)/37%≈ 100 mL

加水量＝1 000 mL－100 mL＝900 mL

答：需要100 mL 37%的甲醛水溶液，加水900 mL，即可配成4%的甲醛水溶液1 000 mL。

(三)固体消毒药品配制成液体的方法

将所需药量称好后，放入有刻度的容器中，加水至所需配制数量即可。如，将200 g漂白粉加入有刻度容器内，再加水至1 L即可配成20%的漂白粉乳剂。20%漂白粉乳剂静置一段时间，上清液即为20%的漂白粉澄清液。

此外，使用消毒剂前要详细阅读使用说明，并严格按说明的要求配制和使用。

四、消毒质量的检查

为了验证消毒的效果，常对消毒对象进行细菌学检查。

(一)舍内空气消毒效果检测(平板沉降法)

在重力作用下空气中的微生物粒子，自然沉降在普通琼脂或血琼脂平板上。当采样的室内面积≤30 m^2 时，取对角线上 3 点，即中心一点、两端距墙 1 m 处各一点，当采样的室内面积>30 m^2 时，选 5 点，即分别于室内四角距墙 1 m 处及中心点，高度为距地面 80～150 cm；将培养皿的盖打开，在采样点上暴露 15～20 min，然后将盖盖好，标明日期、标本名称，置37℃温箱培养 24～48 h，计算菌落数。消毒前和消毒后各采样一次，分别培养、检测细菌数，同时用未暴露的琼脂平板作为阴性对照。阴性对照若有细菌生长，说明所用培养基已被污染，试验无效，更换后重新进行。

根据消毒前后样品中细菌数量的变化来评价消毒效果，计算方法如下：

$$\text{消亡率}=\frac{\text{消毒前样本平均菌数}-\text{消毒后样本平均菌数}}{\text{消毒前样本平均菌数}}\times 100\%$$

除有特殊要求者外，一般自然细菌消亡率≥90% 为消毒合格。注意记录试验过程中的温度和相对湿度，以便分析对比。

该法虽准确性稍差，但使用简便、经济，可反映降落到地面上的细菌数，适用于基层。

(二)圈舍墙壁、地面消毒效果检测

1.采样方法

在消毒以后的地面、墙壁、墙角以及饲槽上取样，将 5 cm×5 cm 的一次性标准灭菌规格板，放在被检物体表面，连续采样 4 处，采样总面积≥100 cm^2。于每个采样处用浸有与所用消毒剂相对应中和剂的无菌棉拭子 1 支，在规格板内横竖往返均匀涂擦各 5 次，并随之转动棉拭子。剪去手持部位后，将棉拭子投入 10 mL 含相应中和剂的无菌洗脱液试管内，待检。门把手等不规则物体表面用棉拭子直接涂擦采样。

中和剂是在微生物杀灭试验中，既能中和微生物表面上残留的消毒剂，又能使其失去对微生物抑制和杀灭作用的试剂。当以漂白粉作为消毒剂时，可应用次亚硫酸盐中和；碱性溶液用0.01%醋酸中和；福尔马林用氢氧化铵(1%～2%)中和。当以克辽林、来苏儿及其他药剂消毒时，没有适当的中和剂，而是在灭菌水中洗涤 2 次，时间为5～10 min，依次地把棉拭子从一个罐内移入另一个罐内。

2.细菌总数检测

将采样管在混匀器上振荡 20 s 或用力振荡 80 次，用无菌吸管吸取 1.0 mL 待检样品接种于灭菌平皿，每一样本接种 2 个平皿，再加入熔化后冷却至 45～48℃ 的营养琼脂 15～18 mL，边倾注边摇匀，待琼脂凝固，置 37℃温箱培养 48 h，计数菌落数。

3.采样结果计算方法

$$\text{细菌总数}(cfu/cm^2)=\frac{\text{平板上菌落数}\times\text{稀释倍数}}{\text{采样面积}(cm^2)}$$

4. 致病菌检测

依据污染情况进行相应指标的检测。

5. 结果判定

细菌总数≤15 cfu/cm^2，并未检出致病菌为消毒合格。

复习题与作业

1. 试述禽场消毒的方法。
2. 试述猪场的消毒措施。
3. 怎样配制消毒剂？
4. 如何进行动物圈舍消毒质量的微生物学检查？

实验二　病料的采取、保存和送检

目　　的

掌握动物传染病病料的采取、保存和送检等方法。

内容及方法

一、病料的采取

1. 剖检前的检查

若发现死亡的动物，要首先排除是否有炭疽感染。可用显微镜检查其末梢血液抹片，确定是否有炭疽杆菌存在，如怀疑是炭疽，则禁止剖检。只在确定不是炭疽时才可剖检。

2. 取材时间

内脏病料的采取，最好在死后立即进行，不超过 6 h，时间过长尸体会发生腐败，影响病原微生物的检出。

3. 器械的消毒

常见的器械如剖检器材(刀、剪、镊子、注射器、针头)、器皿、试管等均可包裹后高压灭菌，剖检器械也可煮沸消毒 30 min。灭菌后，根据采集病料的需要使用相应的器械。

4. 病料采取

根据不同传染病的感染特性，针对性采集病原感染的靶脏器或内容物，例如败血症采取心、肝、脾、肺、肾、淋巴结、胃、肠等；肠道感染采取肠道(特别是小肠)及其内容物；有神经症状的传染病采取脑、脊髓等。无法预判的传染病最好全面采集病料。常见的病料采集方法如下。

1)脓汁　用灭菌注射器或吸管抽取或吸出脓肿深部的脓汁，置于灭菌试管中。若为开口的化脓灶或鼻腔，则用无菌棉签浸蘸后，放在灭菌试管中。

2)淋巴结及内脏　送检条件允许的，取完整的脏器送检，有利于全面准确诊断。若不方便，可将淋巴结及各组织脏器病变部位各采取每边长约 2 cm 的小方块，分别置于灭菌试管或平皿中。若为供病理组织切片的材料，应将典型病变部分及相连的健康组织一并切取，组织块每边长约 2 cm，同时避免使用金属容器。

3)血液

血清:以一次性无菌采血器吸取血液 5～10 mL,倾斜存放,待血液凝固析出血清,吸出血清置于另一灭菌试管内供检测用。

全血:采取 10 mL 全血,立即注入盛有 5%柠檬酸钠 1 mL 的灭菌试管中混匀即可。

心血:用烧红的铁片烙烫心肌表面,然后再无菌吸出血液,盛于灭菌试管中。

4)乳汁　采集前先用消毒药水清洗乳房,挤掉最初的 3～4 滴乳汁,再采集 10 mL 左右乳汁于灭菌试管中。

5)胆汁　以灭菌吸管或注射器刺入胆囊内吸取胆汁,盛于灭菌试管中。

6)肠　无菌剪开肠道,以灭菌棉签蘸取肠管黏膜或内容物;最好是用线扎紧一段肠道(5～10 cm)两端,然后将两端切断,置于灭菌器皿内。

7)皮肤　取大小约 10 cm×10 cm 的皮肤一块,保存于 30%甘油缓冲盐水溶液中,或 10%饱和盐水溶液中,或 10%福尔马林液中。

8)胎儿　将完整胎儿以不透水塑料薄膜、油纸或油布包紧,装入冷藏箱内。

9)全尸　以不透水的塑料薄膜、油纸或油布将全尸包裹严密,装入保温箱或木箱送检。

10)骨头　需要完整的骨头标本时,应将附着的肌肉和韧带等全部除去,用浸过 5%石炭酸水或 0.1%升汞液的纱布或油布严密包裹,装入冷藏箱内送检。

11)脑、脊髓　可将脑组织、脊髓浸入 50%甘油缓冲盐水溶液中或将整个头部割下,包入浸过 0.1%升汞液的纱布或油布中,装入冷藏箱送检。

有些样品供细菌检查时,也可在现场剖检时直接进行抹片或触片,标注清楚后,分开存放于小盒子里,附上说明一并送检。

二、病料的保存

采集的病料若需送检,则要加入适量的保存剂使病料保持新鲜状态。

1.细菌检验材料的保存

通常将用于细菌检测的完整待检组织置于冷藏箱(4℃)当天送检。也可取脏器组织保存于饱和氯化钠溶液或 30%甘油缓冲盐水溶液中,加塞密封。液体可装于封闭的毛细玻管或试管运送。

饱和氯化钠溶液的配制法:蒸馏水 100 mL,氯化钠 38～39 g,充分溶解后以多层纱布过滤,高压灭菌备用。

30%甘油缓冲盐水溶液的配制法:中性甘油 30 mL,氯化钠 0.5 g,碱性磷酸钠 1.0 g,加蒸馏水至 100 mL,混合后高压灭菌备用。

2.病毒检验材料的保存

将采取的脏器组织块,保存于 50%甘油缓冲盐水溶液或鸡蛋生理盐水中,容器加塞封固。

50%甘油缓冲盐水溶液的配制法:氯化钠 2.5 g,酸性磷酸钠 0.46 g,碱性磷酸钠 10.74 g,溶于 100 mL 中性蒸馏水中,加纯中性甘油 150 mL,中性蒸馏水 50 mL,混合分装后,高压灭菌备用。

鸡蛋生理盐水的配制法:先将新鲜鸡蛋表面用碘酒消毒,然后打开,将内容物倾入灭菌容器内,按全蛋 9 份加入灭菌生理盐水 1 份,摇匀后用灭菌纱布过滤,再加热至 56～58℃,持续 30 min,第 2 天及第 3 天按上法再加热一次,即可应用。

3.病理组织学检验材料的保存

将采取的脏器组织块放入10%福尔马林溶液或95%酒精中固定；固定液的用量应为送检病料的10倍以上。如用10%福尔马林液固定，应在24 h后换新鲜溶液一次。冬季为防病料冻结，可将固定好的组织块取出存于保存液（甘油和10%福尔马林等量混合）中。

三、病料的运送

为了尽快诊断传染病，病料的送检坚持安全、快速的原则。装病料的容器（如试管、保温箱等）要对应标号，详细记录，并附送检病料说明单。包装病料的容器要牢固、安全。对危险的、怕热或怕冻的材料要分别采取相应措施。通常病原学检验的材料均要低温保存，放入加冰袋的冷藏箱或保温瓶内送检。供病理学检查的材料可置于10%福尔马林溶液中，不需冷藏。包装好的病料要尽早运达实验室，以免时间太久病料发生变化影响检测效果。

复习题与作业

如何采集、保存和运送传染病病料？

实验三　口蹄疫的实验室诊断

口蹄疫(foot-and-mouth disease,FMD)是由口蹄疫病毒(foot-and-mouth disease virus,FMDV)引起的一种急性烈性传染病。其感染的宿主主要为偶蹄类动物。口蹄疫的临床表现以口腔黏膜、舌面、鼻镜、蹄部、乳房皮肤发生水疱和溃烂为典型特征。通过这些临床特征结合流行特点可以初步对该病进行诊断,但是要确诊还必须对采集的疑似病料进行实验室诊断。

目前口蹄疫实验室诊断主要有病原学诊断和血清学诊断两种。病原学诊断检测活病毒或者病毒抗原,主要方法包括:病毒分离、酶联免疫吸附试验(ELISA)、反转录聚合酶链式反应(RT-PCR)和病毒核酸序列分析。血清学诊断检测动物体液中口蹄疫特异性抗体,主要方法包括:病毒中和试验(virus neutralization test, VNT)、间接夹心酶联免疫吸附试验、液相阻断酶联免疫吸附试验(LPBE)和 3ABC 竞争酶联免疫吸附试验。

目　　的

掌握口蹄疫病毒的常见实验室诊断方法及操作步骤。了解病毒中和试验(VNT)、间接夹心酶联免疫吸附试验、液相阻断酶联免疫吸附试验(LPBE)和 3ABC 竞争酶联免疫吸附试验的原理和方法。

内容及方法

一、病毒分离

(一)实验准备

(1)磷酸盐缓冲液(PBS)、MEM 细胞培养液、胎牛血清、抗生素、无菌双蒸水。

(2)研磨器、注射器、滤器、细胞培养皿、仓鼠肾传代细胞(BHK-21)、3～4 日龄乳鼠。

(3)离心机、细胞培养箱、倒置显微镜。

(二)操作方法

(1)利用 PBS 将病料(剥离乳鼠皮肤,去除头、四肢和肠胃等脏器后取的骨骼肌)进行研磨制备成 5%～10%的组织悬液,4℃10 000 r/min 离心10 min,取上清,利用孔径为 0.22 μm 的滤器进行过滤。

(2)将制备好的病毒液接种培养好的单层 BHK-21 细胞，每天观察记录接种细胞的形态和病变的出现。

(3)将制备好的病毒液接种 3～4 日龄乳鼠，接种 24 h 后，观察死亡情况，如果第一代没有死亡，则继续乳鼠接种盲传 2～3 次。离心制备病毒液[同步骤(1)]进行乳鼠传代，观察记录乳鼠死亡情况。

(三)结果判定

疑似阳性病料接种 BHK-21 细胞后，在 48～72 h 会出现明显细胞病变，而对照组细胞则基本正常。如果 72 h 还无病变，则继续盲传 3 代进行病毒的分离，如连续传代后仍然不能引起细胞病变，则判为阴性。乳鼠接种后，如 18 h 后开始出现乳鼠死亡现象，则判定为阳性病料，如连续传代 3 代，仍然不能引起乳鼠死亡的则判为阴性。

二、RT-PCR 及病毒核酸序列分析

聚合酶链式反应(polymerase chain reaction，PCR)是一种可以快速对脱氧核糖核酸(DNA)进行扩增的分子生物学技术。反转录 PCR(reverse transcription-PCR，RT-PCR)是 PCR 技术中一种广泛应用的变换形式。在 RT-PCR 中，一条核糖核酸(RNA)链被逆转录成为 cDNA，再以此为模板通过 PCR 进行 DNA 扩增。RT-PCR 在口蹄疫病毒检测和分型方面具有重要的应用。该方法既可以检测活病毒核酸，也可以检测灭活的病毒核酸。该方法与核酸序列分析结合可以准确地进行口蹄疫的确诊，同时可以分析不同毒株的差异。

(一)实验准备

(1)TRIzol 试剂、氯仿(三氯甲烷)、异丙醇、无水乙醇、焦碳酸二乙酯(DEPC)处理水、反转录试剂、*Taq* DNA 聚合酶、1.0%的琼脂凝胶、1×TAE 缓冲液、核酸染料。

(2)微量移液器、PCR 仪、核酸电泳仪、凝胶成像系统。

(二)操作方法

1. 样品处理

取病毒样品 100 μL 置于 1.5 mL Eppendorf 管中，加入 1 mL TRIzol 试剂，颠倒混匀，室温静置 5 min。

2. RNA 提取

(1)向 TRIzol 处理的样品液中加入 200 μL 氯仿，剧烈振荡混匀，4℃放置 10 min。

(2)12 000 r/min，4℃离心 15 min，取 400 μL 上清水相到新的 1.5 mL Eppendorf 管中，加 400 μL 异丙醇，混匀，室温静置 10 min。

(3)12 000 r/min，4℃离心 10 min，小心倒掉上清，留取沉淀。

(4)加入现配预冷的 75%乙醇 1 mL，混匀，10 000 r/min，4℃离心 5 min，小心倒去上清。再加入 75%乙醇 1 mL，混匀，10 000 r/min，4℃离心 5 min，小心倒去上清。

(5)干燥 RNA 沉淀(但不能让 RNA 完全干燥)，然后加入 30 μL DEPC 处理水溶解，在 60℃下孵育 10 min。提取的 RNA 可立即进行 RT-PCR 反应或者−80℃保存。

3. RT-PCR 反应

对于口蹄疫病毒的检测，本实验选取刘耀方等建立的可以通用检测 O、A 和亚洲Ⅰ型口蹄疫的 RT-PCR 方法，上、下游引物的位置分别约在口蹄疫病毒基因组 4 011～4 030 和 4 413～

4 432 位置(2C 基因上)。

2C 基因(420 bp):

上游引物:5′-ATGCAGGAGGACATGTCAAC-3′

下游引物:5′-TTGATGTCACGTGCTTTGAG-3′

反转录体系:	RNA 模板	12.5 μL
	5×AMV 扩增缓冲液	4.0 μL
	10 mmol/L dNTPs(脱氧核糖核苷三磷酸混合物)	1.0 μL
	AVM 逆转录酶	1.0 μL
	50 mmol/L 下游引物	1.0 μL
	RNA 酶抑制剂	0.5 μL
	总体系	20 μL

反应条件:65℃ 5 min; 42℃ 60 min;95℃ 5 min。

阳性对照用已知的口蹄疫灭活病毒 RNA 作为模板,阴性对照采用口蹄疫阴性样品 RNA 作为模板,空白对照用 DEPC 处理水作为模板。

PCR 反应体系:	10×反应缓冲液	2 μL
	25 mmol/L $MgCl_2$	1.5 μL
	10 mmol/L dNTPs	1.0 μL
	50 mmol/L 上游引物	0.5 μL
	50 mmol/L 下游引物	0.5 μL
	模板 DNA	13 μL
	双蒸水	1.0 μL
	Taq DNA 聚合酶	0.5 μL
	总体系	20 μL

反应条件:94℃预变性 5 min;94℃变性 50 s,55℃退火 45 s,72℃延伸 1 min,30 个循环;72℃延伸 10 min;4℃保存。

4. PCR 产物鉴定

取 PCR 产物进行核酸电泳(1.0%琼脂糖凝胶),然后在凝胶成像仪中观察。

(三)结果判定

阳性对照一定出现一条大小为 420 bp 的特异性扩增条带,阴性和对照组不应出现任何条带。如果样品出现 420 bp 的特异性条带,表明结果阳性,为口蹄疫病毒;如果没有条带,则表明结果阴性。

三、病毒中和试验

病毒中和试验(virus neutralisation test, VNT)是利用中和抗体与病毒发生特异性的结合作用,而使病毒失去侵袭细胞的能力,从而丧失对敏感细胞或易感动物的感染能力。VNT 既可以进行抗原的定量,也可以进行抗体的定量,在口蹄疫的检测中具有重要意义。

(一)实验准备

(1)标准阳性血清、口蹄疫病毒、待检血清、BHK-21 细胞。

(2)细胞培养液(MEM)、血清;中和试验稀释液:Eagle-MEM 与 0.5%水解乳蛋白/Earle 氏液等量混合配制。

(3)细胞 96 孔培养板、移液器、倒置显微镜等。

(二)操作方法

(1)将血清倍比稀释,一般稀释四个梯度(1:4~1:32)。

孔号	1	2	3	4	5	6	7	8
稀释度	1:4	1:8	1:16	1:32	—	—	—	—
稀释液	—	25 μL	25 μL	25 μL	25 μL	100 μL	50 μL	25 μL
1:4稀释待检血清	25 μL	25 μL	—	—	阳性对照	空白对照	细胞对照	病毒对照

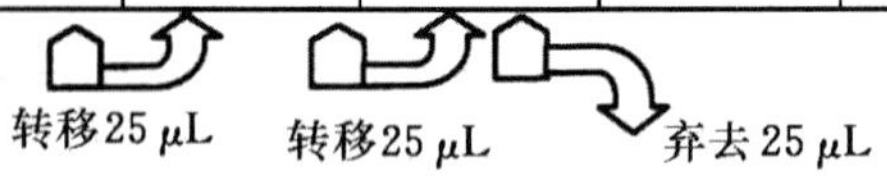

①先向 96 孔培养板 A2~A5、B2~B5 各孔中加入 25 μL 稀释液。

②将 1:4 稀释的待检血清依次加入 A1、B1、A2 和 B2 孔中,每孔 25 μL。

③将 A2、B2 孔中待检血清和稀释液混匀后吸取 25 μL 至 A3、B3 中,再次混匀吸取 25 μL 至 A4、B4 孔,混匀后,各弃去 25 μL。

④ A5、B5 设为阳性对照孔,向含有稀释液的各孔中加入 1:4稀释的标准阳性血清 25 μL。

⑤A6、B6 设为空白对照,每孔加入 100 μL 稀释液。

⑥A7、B7 设为细胞对照,每孔加入 50 μL 稀释液。

⑦A8、B8 设为病毒对照,每孔加入 25 μL 稀释液。

(2)将病毒液稀释至 200 $TCID_{50}$/50 μL,向 A1~A4、B1~B4 孔及病毒对照孔,每孔加入 25 μL。

(3)血清与病毒中和作用:37℃,加盖,轻轻震荡 1 h。

(4)将生长两天的单层(融合度 80%~90%)、状态良好的 BHK-21 细胞按常规消化,2 000 r/min 离心 5 min,收集细胞,利用细胞培养液稀释细胞至约 10^6 个/mL,然后加入除空白对照组外的各个试验孔,每孔加入 50 μL。

(5)细胞在 37℃温箱(5%CO_2 浓度)中生长 48 h 后,观察病变并记录。

(三)结果判定

1.试验成立的条件

标准阳性血清孔细胞生长正常无细胞病变(CPE)出现;细胞对照孔中细胞生长良好无 CPE 出现;病毒对照孔完全病变细胞脱落或有少量细胞残留;空白对照孔中无细胞生长,无污染。

2.阴阳性判定

血清中和滴度为 1:32 或大于 1:32 则判定为阳性。

血清中和滴度为 1:16~1:32 则判为可疑,需进一步采样进行试验,如第二次血清中和滴度为 1:16 或大于 1:16 则判定为阳性。

血清中和滴度为 1∶8则判定为阴性。

四、液相阻断酶联免疫吸附试验

Hamblin 等于 1986 年建立了口蹄疫的液相阻断 ELISA(liquid phase blocking ELISA, LPBE)方法。该方法是将已知量的口蹄疫病毒抗原与待检血清混合作用，然后将混合液加入包被有针对口蹄疫抗原特异性抗体的酶标板，如果待检血清中含有口蹄疫的抗体，则其在与口蹄疫抗原混合的过程中会与抗原结合，阻断口蹄疫抗原与酶标板中已包被抗体的结合。混合液与酶标板作用，洗去残留成分后，酶标板所吸附的抗原与阳性对照孔中未用待检血清作用的口蹄疫抗原所吸附的量相比，其数量会显著减少，通过加入标记的检测抗体，可以定性和定量分析血清中口蹄疫抗体含量。反之，该方法亦可以通过包被抗原而来检测病毒抗原。

(一)实验准备

(1)PBS、ELISA 包被液(0.05 mol/L pH 9.6 的碳酸盐液，配制：0.15 g Na_2CO_3，0.292 g $NaHCO_3$，蒸馏水定容至 100 mL，4℃保存)、含 0.05% Tween 20 的磷酸盐缓冲液(PBST)、底物溶液(TMB)及终止液(2 mol/L 硫酸)。

(2)捕获抗体(针对口蹄疫病毒 146S 抗原的兔抗血清)；制备的口蹄疫灭活病毒或抗原；检测抗体(豚鼠抗口蹄疫 146S 血清)；兔抗豚鼠辣根过氧化物酶(HRP)标记抗体；脱脂奶粉。

(3)洗板机、温箱、酶标仪等。

(二)操作方法

(1)每孔用 50 μL 兔抗血清(1∶1 000 稀释)包被酶标板，4℃湿盒过夜。

(2)PBS 洗涤 3 次洗去未包被成分。

(3)加入被检血清，倍比稀释样品依次加入其他孔。

(4)每孔加入阳性抗原 50 μL，混合均匀，4℃静置过夜或 37℃放置 1 h。PBS 洗涤 5 次，每次 3 min，洗去未作用成分。

(5)每孔加入 50 μL 检测抗体(豚鼠抗口蹄疫 146S 血清，1∶1 000 稀释)，37℃孵育 1 h。PBS 洗涤 5 次。加入兔抗豚鼠 HRP 标记抗体(1∶2 000 倍稀释，PBS 稀释)，37℃孵育 1～2 h。洗板 5 次，洗去残余成分。

(6)每孔加入 TMB 底物溶液(碧云天公司)200 μL 进行显色，室温下避光作用 10～15 min。

(7)每孔加入 50 μL 终止液(2 mol/L H_2SO_4)终止反应，在 ELISA 检测仪上，于波长 450 nm 处检测各孔 OD 值。

(三)结果判定

每次试验时，设定强阳性对照孔、弱阳性对照孔、1∶32 牛标准血清孔、没有血清的稀释剂抗原对照孔和阴性血清对照孔。抗原对照孔 3 个值平均后除以 2 即为光密度(OD)值。对照孔值应在 1.0～2.0 之间，阳性对照孔抗体滴度应是 1∶(1 024±1)，阴性对照孔在 1∶(4±1)；大于 OD 值的为阴性，小于 OD 值的为阳性。

五、间接夹心酶联免疫吸附试验

间接夹心酶联免疫吸附试验方法是世界动物卫生组织(OIE)以及国际粮农组织(FAO)国际口蹄疫参考实验室推荐使用的检测口蹄疫病毒和血清型优先采用的方法。该方法通过将兔抗口蹄疫病毒的型特异性抗体(包被抗体,又称为捕获抗体)包被于酶联免疫吸附试验板上,捕获待检样品中相应型的口蹄疫病毒抗原,再加入与捕获抗体同一血清型但用另一种动物制备的型特异性抗体(检测抗体)。如果有相应型的病毒抗原存在,则形成"夹心"式结合,随后加入辣根过氧化物酶标记的检测抗体及反应底物进行显色反应,从而定性或定量检测。由于口蹄疫病毒的多型性,且可能并发临床上难以区分的水疱性疾病,因此在检测病料时必然包括几个血清型(如O、A、亚洲Ⅰ型)以及临床症状相同的某些疾病如猪水疱病。

(一)实验准备

(1)口蹄疫病毒或抗原、阴性对照样品、兔抗口蹄疫病毒的型特异性抗体、豚鼠抗口蹄疫型特异性抗体、HRP标记的山羊抗豚鼠IgG抗体和待检病料。

(2)脱脂奶粉、洗板机、96孔酶标板。

(3)PBST洗涤液(称量8 g NaCl,0.2 g KCl,2.9 g $Na_2HPO_4 \cdot 12H_2O$,0.2 g KH_2PO_4,蒸馏水定容至1 L,加500 μL Tween-20,室温保存)、抗原包被缓冲液(0.05 mol/L pH 9.6的碳酸盐缓冲液,配制:1.59 g Na_2CO_3,2.93 g $NaHCO_3$,蒸馏水定容至1 000 mL,4℃保存)、底物溶液及终止液(2 mol/L H_2SO_4 溶液配制200 mL需要95%的浓硫酸23 mL,先加水,后注入浓硫酸,用蒸馏水清洗烧杯3~4次)。

(4)酶标仪。

(5)终止液。

(二)操作方法

(1)兔抗口蹄疫病毒的型特异性抗体利用包被液进行稀释(1∶1 000稀释),每孔100 μL包被酶标板,4℃过夜。

(2)利用PBST洗液洗涤酶标板5次,每次2 min,以洗去未包被成分。

(3)利用5%脱脂乳37℃封闭2 h。重复步骤(2)洗去残余成分。

(4)每孔加入待检样品100 μL,37℃孵育1~2 h。重复步骤(2)洗去残余成分。

(5)每孔加入100 μL豚鼠抗口蹄疫型特异性抗体(200倍稀释,PBS稀释),37℃孵育1~2 h。重复步骤(2)洗去残余成分。

(6)每孔加入100 μL HRP标记的山羊抗豚鼠IgG抗体(2 000倍稀释,PBS稀释),37℃孵育1~2 h。重复步骤(2)洗去残余成分。

(7)每孔加入TMB底物溶液(碧云天公司)200 μL进行显色,避光作用10~15 min。

(8)每孔加入25 μL 2 mol/L硫酸终止反应。

(9)测定OD_{450}吸光值。

(三)结果判定

OD_{450}测定值与阴阳性对照进行比较,显著大于阴性对照即可判定为阳性。

(四)注意事项

浓硫酸、TMB均为有害试剂,操作时应穿实验服并戴一次性手套。

六、3ABC竞争酶联免疫吸附试验

基于3ABC非结构蛋白的间接捕获酶联免疫吸附试验技术检测非结构蛋白抗体可以检测大量疫苗免疫动物和感染动物。该方法敏感性好,特异性高,其中最常用的方法为3ABC竞争酶联免疫吸附试验，是国际贸易中指定的检测方法(OIE)。我国国家口蹄疫参考实验室已经研制开发3ABC竞争酶联免疫吸附试验诊断试剂盒。

(一)实验准备

(1)3ABC抗原、待检血清、HRP标记的3ABC特异性抗体。

(2)脱脂奶粉(封闭液)、PBST(称量8 g NaCl，0.2 g KCl，2.9 g $Na_2HPO_4 \cdot 12H_2O$，0.2 g KH_2PO_4，蒸馏水定容至1 L，加500 μL Tween-20，室温保存)、抗原包被缓冲液(0.05 mol/L pH 9.6的碳酸盐缓冲液，配制：0.15 g Na_2CO_3，0.292 g $NaHCO_3$，蒸馏水定容至100 mL，4℃保存)、底物溶液(TMB)及终止液(2 mol/L硫酸)。

(3)酶标板、移液器、酶标仪。

(二)操作方法

(1)以2.1 μg/mL的3ABC抗原包被酶标板，每孔100 μL，4℃过夜。

(2)洗板3次，每次3 min，洗去未包被成分，拍干。

(3)加入封闭液，每孔150 μL，37℃作用1 h，洗板5次，拍干。

(4)依次向各孔加入100 μL待检血清及倍比稀释待检血清(利用1%BSA的PBS缓冲液进行稀释)，37℃作用1 h，洗板3次，拍干。

(5)每孔加入100 μL HRP标记的3ABC特异性抗体(1∶3 000稀释)，37℃作用30 min，洗板5次，拍干。

(6)每孔加入100 μL TMB反应底物反应10 min，加入25 μL终止液终止反应，10 min左右，用酶标仪在630 nm波长测定吸光值。

(三)结果判定

$$\text{血清抑制率}(I)=\frac{\text{阴性对照 }OD_{630}\text{ 值}-\text{被检血清 }OD_{630}\text{ 值}}{\text{阴性对照 }OD_{630}\text{ 值}-\text{阳性对照 }OD_{630}\text{ 值}}\times 100\%$$

以$I>60\%$为阳性；以$I\leqslant 50\%$为阴性；以$50\%<I\leqslant 60\%$为疑似，需要结合其他方法进行判定。

复习题与作业

1. 简述口蹄疫诊断的常用实验室技术手段。
2. 简述液相阻断酶联免疫吸附试验(LPBE)和3ABC竞争酶联免疫吸附试验的差异。
3. 间接夹心ELISA的优势和劣势是什么？
4. 简述3ABC竞争酶联免疫吸附试验的操作步骤和结果判定标准。

实验四　流行性感冒的实验室诊断

流行性感冒是人兽共患传染病，尤其以禽流感和猪流感危害最为严重。流行性感冒的病原学诊断须在国家参考实验室进行，省级及其以下实验室只能做抗体和病毒核酸检测。国家标准《高致病性禽流感诊断技术》(GB/T 18936—2003)规定了高致病性禽流感病毒分离与鉴定技术、血凝(HA)和血凝抑制(HI)试验、琼脂凝胶免疫扩散(AGID)试验、间接 ELISA 的技术要求。本实验仅介绍病毒分离与鉴定、HI 试验、神经氨酸酶抑制(NI)试验、AGID 试验、RT-PCR 以及通用荧光 RT-PCR 检测方法。凡是涉及 H5 和 H7 高致病性禽流感活病毒的各项操作均须在生物安全 P3 实验室进行。

目　　的

1. 初步掌握流感病毒的分离与鉴定、HA 和 HI 试验、AGID 试验操作技术，了解 RT-PCR 诊断技术。

2. 掌握禽流感抗体水平及免疫检测结果的分析。

内容及方法

一、病毒分离与鉴定

(一)实验准备

(1)病料的采集与保存：病料多采用被检动物的鼻腔棉拭子或肛拭子，对发病、死亡动物可采其血液、气管和肺脏等组织。

(2)标准流感病毒 HI 与 NI 特异性抗体与标准阴性血清，A 型流感病毒标准阳性血清。

(3)9～11 日龄无特定病原体(SPF)鸡胚，10 只 6 周龄 SPF 鸡，8 只 4～8 周龄 SPF 鸡。

(4)1%红细胞悬液，磷酸盐缓冲液(PBS，pH 7.0～7.4)，青霉素，链霉素，丁胺卡那霉素，2.5%碘酒，75%酒精，石蜡。

(5)96 孔 V 形血凝反应板，可调多通道移液器和单通道移液器及滴头，照蛋器，孵化箱，1 mL 注射器，手术镊，蛋壳钻孔器，酒精灯，胶布等。

(二)操作方法

1. 病毒分离

1)样品处理　将含有病毒样品的棉拭子置于无菌离心管中充分捻动、拧干后弃去拭子，样品液经 4℃ 3 000 r/min 离心 30 min，取上清液作为接种材料。匀浆过的组织样品用含抗生素[含青霉素(2 000 IU/mL)、链霉素(2 mg/mL)、丁胺卡那霉素(1 000 IU/mL)]的 PBS 溶液配成 10%～20%的组织悬液。样品液经 1 000 r/min 离心 10 min，取上清液作为接种材料。

2)鸡胚接种　将处理好的样品以 0.2 mL/胚的量经尿囊腔途径无菌操作接种 9～11 日龄 SPF 鸡胚，每个样品接种 5 枚胚。蛋壳接种处针孔用熔化的石蜡封口，于 35～37℃孵化箱内孵育。18 h 后每 8 h 观察鸡胚死亡情况，及时将死亡鸡胚置于 4℃保存。孵育至 96 h 后，取出仍存活鸡胚置于 4℃过夜备用。

3)收获病毒　无菌收取 18 h 以后的死胚及 96 h 仍存活鸡胚的尿囊液。

4)血凝活性测定　血凝试验方法见 20～22 页。

2. 病毒鉴定

1)A 型流感病毒的型特异性鉴定　从具有血凝活性的鸡胚中取出绒毛尿囊膜，用 pH 7.2 的 PBS 冲洗后，将绒毛尿囊膜用研磨器磨碎，反复冻融 3～4 次，以 1 000 r/min 离心 10 min 后取上清，按终浓度为 0.1%的量加入甲醛溶液。置 37℃温箱灭活 36 h 做灭活检验后即可与 A 型流感病毒标准阳性血清进行 AGID 试验，检测样品中是否含有 A 型流感病毒。AGID 试验操作方法见 23～24 页。

2)血凝素亚型与神经氨酸酶亚型鉴定　当鸡胚尿囊液具有血凝活性时，首先应排除血凝活性是否由新城疫病毒、减蛋综合征病毒等引起，同时要注意是否有流感病毒与其他病毒混合感染。鸡胚尿囊液具有血凝活性或证明含有 A 型流感病毒存在后，采用 HA-HI 试验方法鉴定，其操作方法见 20～22 页。用流感病毒 15 种血凝素(H1～H15)亚型分型血清对样品进行病毒亚型鉴定，神经氨酸酶亚型鉴定见 22～23 页。

3)致病性测定　若分离物来自于禽类，则应区分其为高致病还是低致病性禽流感病毒。

静脉接种致病指数(IVPI)测定法：将 HA 大于 4 $\log_2$ 的含毒尿囊液用灭菌生理盐水稀释 10 倍，将此病毒稀释液以 0.1 mL/羽静脉接种 10 只 6 周龄 SPF 鸡，2 只对照鸡接种 0.1 mL 稀释液作对照(对照鸡不应发病，也不计入试验鸡)。每日观察每只鸡的发病及死亡情况，连续观察 10 天。

记录方法：根据每只鸡的症状用数字方法每天进行记录：正常鸡记为 0，病鸡记为 1，重病鸡记为 2，病死鸡记为 3。病鸡应表现有下述一种症状，重病鸡则应表现下述多个症状：呼吸症状、沉郁、腹泻、鸡冠或肉髯发绀、脸或头部肿胀、神经症状。死亡鸡在其死后的每次观察都记为 3。

IVPI 值计算：IVPI 值＝每只鸡在 10 天内所有计数之和/(10 只×10 天)

如所有鸡 24 h 内死亡，指数为 3.00；10 天观察期内没有鸡表现临床症状，指数为 0.00。

(三)结果判定

(1)病毒分离物尿囊液具有血凝活性，说明可能有流感病毒；若无血凝活性或血凝价很低，则用尿囊液继续传 2 代，若仍为阴性，则认为病毒分离阴性。

(2)AGID 试验阳性即被检样品与标准阳性血清之间出现清晰的沉淀线可判定样品中含有 A 型流感病毒。

(3)病毒分离物尿囊液血凝阳性，且其血凝性可被相应亚型的流感病毒标准抗血清所抑制，即 HI 结果阳性。如同时神经氨酸酶抑制(NI)试验阳性，则可判定出该流感病毒分离物的 H 及 N 亚型。例如该病毒血凝性若可被 H5 亚型流感病毒所抑制，且 NI 试验显示 NA2 阳性，则所分离的病毒即为 H5N2 亚型流感病毒。

(4)禽流感病毒致病性判定标准如下：当 IVPI 值大于 1.2 时，分离株为高致病性禽流感病毒株。若静脉接种的 12 只鸡中有 6～8 只鸡死亡，判定该毒株为高致病性禽流感病毒株。

(四)注意事项

(1)本实验适应于所有流感病毒的分离与鉴定。但在分离鉴定哺乳动物流感病毒时，既可以使用 SPF 鸡胚，也可以使用 MDCK 传代细胞系。无论采用鸡胚还是细胞分离流感病毒，均可以利用病毒中和试验对分离毒进行鉴定。

(2)如果疑似为高致病性禽流感，本实验只能在国家禽流感参考实验室进行并确诊。

(3)本实验中，用流感病毒 15 种血凝素(H1～H15)亚型分型血清对样品进行病毒亚型鉴定时，要求有全套的流感病毒血凝素分型血清，一般也在国家指定的实验室进行。

二、微量 HI 试验

本实验是目前世界卫生组织(WHO)进行全球流感监测时普遍采用的方法，可用于流感病毒分离株 HA 亚型的鉴定，也可用来检测动物血清中的感染或免疫抗体，是目前用作了解家禽中禽流感抗体水平、制定免疫程序、评价疫苗和免疫效果最常用的免疫检测技术。此处仅介绍抗体的检测及其结果分析。

(一)实验准备

1.器材

96 孔 V 形血凝反应板，微量移液器(25～100 μL)及吸头，微型振荡器，血清抗体稀释槽，烧杯，量筒，废液缸，记号笔等。

2.试剂

待检血清，流感病毒血凝素分型抗原和标准分型血清以及阴性血清(国家流感诊断中心)；0.01 mol/L pH 7.2 PBS；阿氏(Alsevers)液和 1%鸡红细胞悬液。

阿氏液：葡萄糖 2.05 g、柠檬酸钠 0.8 g、柠檬酸 0.055 g、氯化钠 0.42 g，加蒸馏水至 100 mL，pH 6.1。69 kPa 15 min 高压灭菌，4℃保存备用。

1%鸡红细胞悬液：取阿氏液 1 mL，至少采 2 只 SPF 鸡血 2～4 mL，与阿氏液混合，放入离心管中，补充阿氏液使总体积至 10 mL，混匀，1 500～1 800 r/min 离心 8 min，弃上清液，沉淀物加入 10 mL 阿氏液，轻轻混合，再重复 2 次以上过程后，弃上清液，准确观察刻度离心管中红细胞体积(mL)，按照使红细胞体积分数达 1%的量加入 0.01 mol/L PBS 或生理盐水，轻轻混匀即得 1%鸡红细胞悬液。

(二)操作方法

1.抗原血凝效价测定(微量 HA 试验)

1)加稀释液　在微量滴定板的 1～12 孔每孔加入 0.025 mL PBS。

2)稀释病毒抗原　吸取 0.025 mL 流感病毒悬液加入第 1 孔,混匀。从第 1 孔吸取 0.025 mL 病毒液加入第 2 孔,混匀后吸取 0.025 mL 加入第 3 孔,依此类推进行倍比稀释至第 11 孔,从第 11 孔吸取 0.025 mL 弃之。

3)加 PBS　1～12 孔每孔再加入 0.025 mL PBS。第 12 孔为 PBS 对照孔。

4)加 1%鸡红细胞　将 1%鸡红细胞悬液充分摇匀后,每孔加入 0.025 mL。

5)振荡混匀　将微量滴定板在微型振荡器上振荡 0.5～1 min,室温(20～25℃)下静置反应 40 min,观察结果(如果环境温度太高,可置 4℃反应 1 h)。

6)结果判定　将微量滴定板倾斜 60°,观察血凝现象,判读结果(滴定板孔底红细胞沉积越多,说明红细胞凝集程度越低,见表 4-1)。

表 4-1　血凝试验结果判读标准

类别	孔 底 所 见	结果记录
1	红细胞 100%凝集,孔底无沉积,上清完全不透明	＋＋＋＋
2	红细胞 75%凝集,少量于孔底呈短线状流下,上清微透明	＋＋＋
3	红细胞 50%凝集,较多于孔底呈泪线状流下,上清半透明	＋＋
4	红细胞 25%凝集,大量在孔底呈泪线状流下,上清较透明	＋
5	红细胞不凝集,完全沉于孔底呈长线状流下,上清透明	－

能使红细胞完全凝集(100%凝集,＋＋＋＋)的抗原最高稀释度为该抗原的血凝效价。此效价(稀释度)的病毒抗原(血凝素)浓度为 1 个血凝单位(HAU)。

注意:对照孔应呈现完全不凝集(－),否则检验无效。

2. 微量 HI 试验

1)配制 4 HAU 的病毒抗原　根据 HA 试验测定结果,须将病毒抗原原液稀释成含 4 HAU 的工作浓度。用病毒抗原的血凝效价除以 4 即为抗原的稀释倍数,例如,HA 试验测得病毒血凝效价为 256,则配制 4 HAU 抗原时病毒原液的稀释倍数应是 256/4＝64(倍),即每毫升病毒原液需加稀释液 63 mL。

2)加稀释液　在微量反应板的 1～11 孔加入 0.025 mL PBS,第 12 孔加入 0.05 mL PBS。

3)稀释待检血清　吸取 0.025 mL 血清加入第 1 孔内,充分混匀后吸 0.025 mL 于第 2 孔,依次倍比稀释至第 10 孔,从第 10 孔吸取 0.025 mL 弃去。

4)加 4 HAU 抗原　1～11 孔均加入含 4 HAU 混匀的病毒抗原液 0.025 mL,室温(约 20℃)静置至少 30 min。第 11 孔为抗原对照孔。

5)加鸡红细胞悬液　1～12 孔每孔加入 0.025 mL 1%的鸡红细胞悬液。第 12 孔为红细胞对照孔。

6)振荡混匀　在微型振荡器上振荡 0.5～1 min,静置约 40 min(室温约 20℃,若环境温度太高可置 4℃反应 1 h),待对照孔红细胞完全沉于孔底时则可进行结果判定。

(三)结果判定与分析

1. 结果判定

以完全抑制 4 HAU 抗原与红细胞发生凝集的血清最高稀释倍数作为该份被检血清的 HI 效价。数值用 2 的负对数表示,例如,某份被检血清的 HI 效价是 1:64,1/64＝$(1/2)^6$,则可表示为 6 $\log_2$。

只有阴性对照孔血清滴度不大于 $2\log_2$，阳性对照孔血清误差不超过 1 个滴度，试验结果才有效。HI 价小于或等于 $2\log_2$ 判定 HI 试验阴性；HI 价等于 $3\log_2$ 为可疑，需重复试验；HI 价大于或等于 $4\log_2$ 为阳性。

2. 结果分析

对于非免疫动物，如果被测血清呈现抗体阳性则说明发生过自然感染。对免疫动物（主要是家禽），一般把抗体水平 $4\log_2$ 作为免疫保护临界线，当抗体水平接近或低于临界线时有感染发病危险，应尽快加强免疫。根据疫苗抗原亚型及免疫次数的不同，健康家禽免疫后 3～4 周抗体水平一般应达 $6\log_2$ 至 $10\log_2$，并维持保护期 2 个月左右。

（四）注意事项

（1）在进行 HA 或者 HI 试验时，均应做相应的阴性或阳性对照，并在阴、阳性对照成立条件下判定结果。

（2）HA 和 HI 试验的缺点是只有当抗原和抗体 HA 亚型相一致时才能出现 HI 现象，各亚型间无明显交叉反应；除鸡血清以外，用鸡红细胞检测哺乳动物和水禽的血清时需要除去存在于血清中的非特异凝集素。

（3）如果样品疑似高致病性流感，检测应在国家指定实验室进行。

三、NI 试验

神经氨酸酶（NA）是流感病毒的两种表面糖蛋白之一，它具有酶的活性。NA 与底物（胎球蛋白）混合，37℃温育过夜，可使胎球蛋白释放出唾液酸，唾液酸经过碘酸盐氧化，经硫代巴比妥酸作用形成生色团，该生色团用有机溶剂提取后便可用分光光度计测定。反应中出现的粉红色深浅与释放的唾液酸的数量成比例，即与存在的流感病毒的数量成比例。在进行病毒 NA 亚型鉴定时，当已知的标准 NA 分型抗血清与病毒 NA 亚型一致时，抗血清就会将 NA 中和，从而减少或避免了胎球蛋白释放唾液酸，最后不出现化学反应，即看不到粉红色出现，则表明血清对 NA 抑制阳性。本试验可用于流感病毒分离株 NA 亚型的鉴定，也可用于血清中 NI 抗体的定性测定。此处仅介绍 NI 试验对病毒的亚型鉴定。

（一）实验准备

1. 器材

试管，移液器，移液器枪头，水浴锅，24 孔或 96 孔聚乙烯反应板（稀释待检样品和抗原用）。

2. 主要试剂

胎球蛋白：48～50 mg/mL。

生理盐水或者 0.01 mol/L pH 7.2 PBS。

过碘酸盐：将 4.28 g 过碘酸钠、38 mL 无离子水、62 mL 浓正磷酸充分混合，棕色瓶存放。

砷试剂：将 10 g 亚砷酸钠、7.1 g 无水硫酸钠、100 mL 无离子水、0.3 mL 浓硫酸充分混合即可。

硫代巴比妥酸：将 1.2 g 硫代巴比妥酸、14.2 g 无水硫酸钠、200 mL 无离子水混合，煮沸溶解，一周内使用。

已经确定 HA 亚型的待检鸡胚尿囊液或细胞培养液，流感病毒 N 亚型标准阳性血清和阴性血清。

(二)操作方法

(1)将流感病毒 N 亚型标准阳性血清和阴性血清分别稀释 10 倍、100 倍，并标记。

(2)分别取阳性、阴性血清原液，稀释 10 倍、100 倍的阳性、阴性血清加入试管中，作标记。取不同试剂和同一试剂但不同浓度溶液时应更换枪头。

(3)将已经确定 HA 亚型的待检鸡胚尿囊液稀释至 16 HAU，每管均加入 0.05 mL，混匀 37℃水浴 1 h。

(4)每管加入胎球蛋白溶液(50 mg/mL)0.1 mL，混匀，拧上盖后 37℃水浴 16～18 h。

(5)室温冷却后，每管加入 0.1 mL 过碘酸盐混匀，室温静置 20 min。

(6)每管加入 1 mL 砷试剂，振荡至棕色消失，乳白色出现。

(7)每管加入 2.5 mL 硫代巴比妥酸试剂，将试管置煮沸的水浴中 15 min，观察记录结果。

(三)结果判定

在阴性对照成立的情况下，肉眼观察试管，不出现粉红色的为神经氨酸酶抑制阳性，即待检病毒的神经氨酸酶亚型与加入管中的标准神经氨酸酶分型血清亚型一致。

(四)注意事项

取不同试剂和同一试剂但不同浓度溶液时应更换滴头。

四、琼脂凝胶免疫扩散(AGID)试验

本实验常用来通过已知禽流感 AGID 标准血清检测或鉴定不同型的流感病毒，但也可以通过 AGID 利用不同亚型标准抗原检测所有 A 型流感病毒产生的各个亚型的抗体，这里仅介绍利用标准抗原检测血清抗体实验，以了解动物感染流感病毒的型。

(一)实验准备

1. 材料

流感琼脂凝胶免疫扩散抗原(从尿囊液呈 HA 阳性的已知流感病毒感染鸡胚中提取绒毛尿囊膜，将其匀浆或研碎，然后反复冻融 3 次，经 1 000 r/min 离心 10 min，弃沉淀，取上清液用 0.1%福尔马林灭活后可作为抗原)、流感标准阴性和阳性血清，以上试剂均由国家动物流感参考实验室或国家指定的生产商提供；待测血清样品。

打孔器，直径 6 cm 底面平整光滑的平皿，酒精灯，温箱，移液器或注射器，8 号针头，血清稀释板，烧杯，量筒，天平等。

2. 缓冲液

含 0.01%硫柳汞的 0.01 mol/L pH 7.2 PBS 溶液。

1%硫柳汞溶液的配制：硫柳汞 1 g 加蒸馏水至 100 mL 溶解后，置 100 mL 瓶中盖塞备用。

0.01 mol/L pH 7.2 PBS 溶液的配制：配制 25×PBS，称量 2.74 g 磷酸氢二钠和 0.79 g 磷酸二氢钠加蒸馏水至 100 mL；配制 1×PBS，量取 40 mL 25×PBS，加入 8.5 g 氯化钠，加蒸馏水至 1 000 mL。用氢氧化钠或盐酸调 pH 至 7.2，灭菌备用，一经使用 4℃保存不超过 3 周。

(二)操作方法

1. 琼脂糖凝胶板的制备

取0.8～1 g琼脂糖加入100 mL含硫柳汞的0.01 mol/L pH 7.2 PBS溶液中，水浴加热熔化，稍凉(60～65℃)，倒入平皿内(厚度为3 mm)，待琼脂凝固后，4℃冰箱保存备用。

2. 打孔

使用打孔器在琼脂板上按7孔梅花图案打孔(中间1孔，周围6孔，图4-1)，孔径5 mm，孔距3 mm。将孔内琼脂使用8号针头斜面朝上从右侧边缘插入，轻轻向左侧方向将琼脂挑出，勿伤边缘或使琼脂底层脱离皿底。

用酒精灯加热平皿底部至琼脂略显熔化为止，封闭孔的底部，以防样品侧漏。

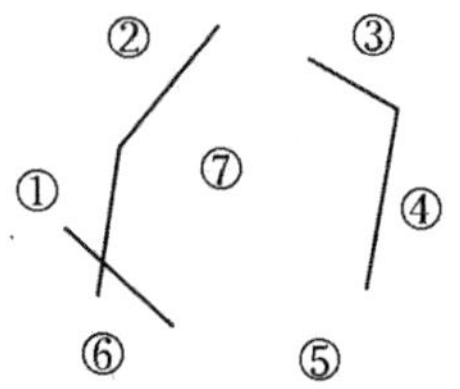

图4-1 AGID试验结果

3. 加样

用移液器滴加抗原于中间孔，周围①、④号孔加标准阳性血清，被检血清按编号分别加入余下孔内，每孔均以加满不溢出为度，每加一个样品应换一个滴头，并设阴性血清对照。

4. 扩散沉淀反应

加样结束后，静置5～10 min，然后将平皿轻轻倒置于湿盒内37℃温箱孵育。24 h、48 h或72 h后判定结果。

(三)结果判定

1. 试验成立条件

从温箱取出琼脂板置日光灯或侧强光下观察，若标准阳性血清(图4-1的①和④号孔)与抗原孔之间出现一条清晰的白色沉淀线，则试验成立。

2. 阳性

阳性血清与抗原孔之间有明显沉淀线时，被检血清与抗原孔之间也形成沉淀线，并与阳性血清的沉淀线末端吻合，则被检血清判为阳性。

3. 弱阳性

被检血清与抗原孔之间没有沉淀线，但阳性血清的沉淀线末端向被检血清孔偏弯，此被检血清判为弱阳性(需重复试验)。

4. 阴性

被检血清与抗原孔之间不形成沉淀线，且阳性血清沉淀线直向被检血清孔，则被检血清判为阴性。

如被检血清孔与中心抗原孔之间沉淀线粗而混浊或与标准阳性血清与抗原孔之间的沉淀线交叉并直伸(图4-1中的⑥号孔)，被检血清孔为非特异反应，应重做，若仍出现非特异反应则判为阴性。

(四)注意事项

该方法不适用于检测水禽流感病毒抗体，应依据实际情况选择其他检测方法。

五、RT-PCR方法

本方法是利用核酸体外扩增技术，先对流感病毒RNA进行反转录，再进行PCR扩增。

适用于检测动物组织、分泌物、排泄物和鸡胚尿囊液中流感病毒核酸。利用通用引物可以检测是否有A型流感病毒的存在，亚型特异性引物则可进行流感的分型诊断和流感病毒的亚型鉴定。

(一)实验准备

1. 样品处理

将含可疑样品的棉拭子在离心管中充分捻动、挤干后弃去拭子；粪便、研碎的组织用含抗生素的pH 7.0～7.4的等渗PBS溶液配成10%～20%(g/mL)的悬液。样品液经10 000 r/min离心10 min，取上清液作为检测样品。

阳性对照：以已知流感病毒培养物为阳性对照，与待检病料同时分别提取总RNA，然后再进行RT-PCR，其扩增产物作为电泳对照样品。

2. 试剂与引物

盐酸胍变性液(7 mol/L盐酸胍，25 mmol/L pH 7.0柠檬酸钠，0.5% Sarkosye，0.1 mol/L β-巯基乙醇)，2 mol/L醋酸钠溶液(pH 4)，氯仿-异戊醇混合液，酚-氯仿(1∶1)，氯仿，异丙醇，乙醇，1.0%琼脂糖凝胶，50×TAE缓冲液，GoodView™核酸染料，加样缓冲液，焦碳酸二乙酯(DEPC)处理的灭菌双蒸水，反转录引物，5×反转录反应缓冲液，水饱和酚(pH 4)，M-MLV反转录酶(200 U/μL)，RNA酶抑制剂(40 U/μL)，2.5 mmol/L dNTPs，10×PCR缓冲液，*Taq* DNA聚合酶(5 U/μL)，液体石蜡，DNA分子量标准，流感病毒特异性的PCR引物。

3. 仪器设备

台式高速(12 000 r/min)离心机，DNA扩增仪，稳压稳流电泳仪和水平电泳槽，电泳凝胶成像分析系统或紫外透射仪，可调移液器一套(包括1～20 μL 2支，20～200 μL 1支，200～1 000 μL 1支，与移液器相匹配的滴头)，5 mL带盖塑料离心管，1.5 mL带盖塑料离心管(Eppendorf管)，0.5 mL或0.2 mL与扩增仪配套的PCR专用带盖塑料管。

(二)操作方法

1. 总RNA的提取

向300 μL待测样品中加入1.5 mL变性液，立即充分混匀。将混合物移至一反应管中，按每毫升变性液中加入0.1 mL乙酸钠，1 mL酚，0.2 mL氯仿-异戊醇，盖上管盖，剧烈振荡30 s。冰浴15 min使核蛋白质复合体彻底裂解。4℃ 12 000 r/min离心20 min，将上层含RNA的水相移入一新管中。为了降低被处于水相和有机相分界处的DNA污染的可能性，不要吸取水相的最下层。加入等体积酚-氯仿(1∶1)混匀，剧烈振荡10 min，4℃ 12 000 r/min离心15 min。取水相，加入等体积氯仿，剧烈振荡10 min，再同上离心；取水相再如此重复抽提一次后，将水相移出与等体积的异丙醇充分混匀，并在－20℃沉淀RNA 1 h或更长时间。用70%预冷乙醇将沉淀离心洗涤两次，弃去乙醇，将沉淀干燥10 min，溶于DEPC处理的双蒸水中以溶解RNA，分装，－20℃冻存。

2. 反转录

取5 μL RNA，加1 μL反转录引物，70℃作用5 min。冰浴2 min。继续加入以下试剂：5×反转录反应缓冲液4 μL，0.1 mol/L DTT(二硫苏糖醇) 2 μL，2.5 mmol/L dNTPs 2 μL，M-MLV反转录酶0.5 μL，RNA酶抑制剂0.5 μL，DEPC水11 μL。37℃水浴1 h合成cDNA链。取出后可直接进行PCR，或者放于－20℃保存备用。试验中同时设立阳性和阴性对照。

3. PCR 扩增

根据扩增目的不同，选择不同的上下游引物，M-229U/M-229L 是型特异性引物，用于扩增禽流感病毒的 M 基因片段；H5-380U/H5-380L、H7-501U/H7-501L、H9-732U/H9-732L 分别特异性扩增 H5、H7、H9 亚型病毒的血凝素基因片段；N1-358U/N1-358L、N2-377U/N2-377L 分别特异性扩增 N1、N2 亚型神经氨酸酶基因片段。

PCR 反应体系为 50 μL：双蒸灭菌水 37.5 μL，反转录产物 4 μL，上下游引物各 0.5 μL，10×PCR 缓冲液 5 μL，2.5 mmol/L dNTPs 2 μL，*Taq* DNA 聚合酶 0.5 μL。

首先加入双蒸灭菌水，然后按顺序逐一加入上述成分，每次要加入到液面下。全部加完后，混悬，瞬时离心，使液体都沉降到 PCR 管底。在每个 PCR 管中加入 1 滴液体石蜡(约 20 μL)。循环参数为 95℃ 5 min，94℃ 45 s，52℃ 45 s，72℃ 45 s，循环 30 次，72℃延伸 6 min 结束。设立阳性对照和阴性对照。

4. 琼脂糖凝胶板制备

取 1 g 琼脂糖加入 100 mL 1×TAE 缓冲液中，加热熔化后加 5 μL GoodView™，轻轻混匀后倒入水平放置的凝胶板中，胶板厚 5 mm 左右。依据样品数选用适宜的梳子。待凝胶冷却凝固后拔出梳子，放入电泳槽中，加 1×TAE 缓冲液浸没胶面。

5. 加样

取 5 μL PCR 产物与 0.5 μL 加样缓冲液混合，加入琼脂糖凝胶板的加样孔中。加入分子量标准。

6. 电泳

加样完毕后，盖好电泳仪，插好电极，5 V/cm 电泳 30～40 min。

(三)结果判定

电泳结束后用紫外凝胶成像仪观察、扫描图片存档，打印。用分子量标准比较判断 PCR 片段大小。在阳性对照出现相应扩增带、阴性对照无此扩增带时判定结果。

(1)用 M-229U/M-229L 检测，出现大小为 229 bp 的扩增片段时，判定为禽流感病毒阳性，否则判定为阴性。

(2)用 H5-380U/H5-380L 检测，出现大小为 380 bp 的扩增片段时，判定为 H5 血凝素亚型禽流感病毒阳性，否则判定为阴性。

(3)用 H7-501U/H7-501L 检测，出现大小为 501 bp 的扩增片段时，判定为 H7 血凝素亚型禽流感病毒阳性，否则判定为阴性。

(4)用 H9-732U/H9-732L 检测，出现大小为 732 bp 的扩增片段时，判定为 H9 血凝素亚型禽流感病毒阳性，否则判定为阴性。

(5)用 N1-358U/N1-358L 检测，出现大小为 358 bp 的扩增片段时，判定为 N1 神经氨酸酶亚型禽流感病毒阳性，否则判定为阴性。

(6)用 N2-377U/N2-377L 检测，出现大小为 377 bp 的扩增片段时，判定为 N2 神经氨酸酶亚型禽流感病毒阳性，否则判定为阴性。

(四)注意事项

(1)严格分区操作，避免污染，以保证结果的正确性。

(2)在实际工作中，检测疑似高致病性禽流感病毒时，依据相关法律应在国家指定的实验室进行。

六、最终诊断结果判定

(1)动物出现流感样临床表现，同时有以下一种或几种检测结果可确定流感病毒感染：

①荧光定量 PCR 或者 RT-PCR 检测到病毒核酸。

②病毒分离与鉴定结果阳性。

③未免疫动物血清抗体阳性，免疫动物发病后 2 周血清抗体效价升高 4 倍以上。

(2)对确诊病例，符合下列条件之一的确诊为高致病性禽流感：

①分离病毒的 IVPI 大于 1.2，或用 1∶10 稀释的含毒鸡胚尿囊液 0.2 mL 静脉接种 8 只 4～8 周龄的易感鸡，接种后 10 天内 6～8 只鸡死亡。

②分离病毒株血凝素裂解位点的氨基酸序列与高致病性禽流感毒株序列相符。

(3)疫情确认须由国务院兽医行政管理部门根据省级动物防疫监督机构或国家禽流感参考实验室确诊结果，确认高致病性禽流感疫情。

复习题与作业

1. 试述可以诊断免疫动物感染流感病毒的方法。
2. 流感病毒血清型及其亚型鉴定有何意义？
3. 哪些方法可以区分和鉴定流感病毒血清型？试述其优缺点。
4. 流感病毒血清抗体的监测有何意义？

实验五　炭疽的实验室诊断和皮毛检疫

炭疽杆菌是重要的人兽共患病病原，可引致多种动物急性败血症死亡。在微生物学实验室诊断时，对疑为炭疽病死亡的动物尸体及其他材料，在取材时应小心，取材后的尸体应立即焚毁，器械须严格消毒，严防污染、传播。

目　　的

掌握炭疽杆菌实验室诊断的步骤和方法、皮毛中炭疽杆菌的检疫技术。

内容及方法

一、病原分离和鉴定

（一）实验准备

炭疽杆菌普通琼脂斜面培养物、注射炭疽杆菌死亡小鼠、炭疽杆菌噬菌体、青霉素、研磨器、试管、5 mL 吸管、洗耳球、毛细吸管、清洁玻片、乳胶滴头、普通平板、肉汤培养基、明胶培养基、离心机、消毒液。

（二）操作方法

1. 病料的采集

对疑为死于炭疽的动物尸体，通常严禁剖检，应自耳根部等末梢血管处采血或取天然孔流出的血液涂片镜检，作初步诊断。必要时可切开肋间采取脾脏。疑为皮肤炭疽可采取病灶水肿液或渗出液，疑为肠炭疽可采取粪便。若已错剖畜尸，则可取脾、肝、淋巴结等进行检验。需要时也可将皮、毛、骨粉等畜产品或饲草、饲料、土壤等送检。

2. 分离培养

1)分区划线法　将注射炭疽杆菌死亡小鼠腹部向上，固定在蜡盘上，无菌操作取材。分区划线接种于普通琼脂平板上，37℃培养 24 h 观察其生长特征，有无低、扁平、表面粗糙干燥、边缘卷发状的典型菌落生长。

2)肉汤培养法　取上述病料或普通斜面培养物接种于肉汤培养基，37℃培养 24 h 后可见肉汤澄清，管底有絮状生长物沉淀，轻摇呈丝状而不散，随即渐渐降下，不形成菌膜或菌环。

对污染严重或陈旧材料，以及皮、毛、骨粉、土壤、饲草和饲料等，可剪碎或直接浸泡后接种于普通琼脂平板或戊烷脒血琼脂等炭疽杆菌选择性琼脂平板。将接种好的琼脂平板置37℃培养18～24 h后，挑选可疑菌落，并经抹片、革兰氏染色、镜检，转接普通琼脂斜面和普通肉汤进行纯培养，做进一步的鉴定。

3. 病原的鉴定

1）培养特性观察 观察琼脂平板上纯培养物的培养特性，典型的炭疽杆菌菌落大而扁平，表面粗糙，灰白色，干燥，无光泽，不透明，边缘呈卷发状，在血琼脂平板上不溶血或极轻微溶血；肉汤纯培养物在24 h后观察，肉汤应澄清，管底有白色絮状沉淀物，轻摇不散，液面无菌膜、菌环；对平板和肉汤中的纯培养物涂片，革兰氏染色，镜检；在明胶穿刺培养中呈倒立松树状生长，培养2～3天后，明胶上部逐渐液化呈漏斗状。

2）明胶穿刺鉴别试验 以铂金针取炭疽杆菌斜面培养物，垂直穿刺接种明胶培养基，置20℃温箱培养48～72 h后，观察炭疽杆菌的特征性生长。沿穿刺线呈白色的倒立松树状生长，培养2～3天后，其液面往往液化呈喇叭口状。

3）噬菌体裂解试验 取待检菌37℃培养4～6 h的肉汤培养物，用接种环密集涂布于普通琼脂平板一定区域(直径约2 cm)，待干后，在涂菌中部滴加诊断用炭疽杆菌噬菌体一接种环，待干后，置37℃培养8 h，观察有无噬菌斑。出现明显而透明噬菌斑者为炭疽杆菌。必要时可继续培养至18 h，再观察一次，以防错判。试验最好以已知炭疽杆菌作为阳性对照。

4）串珠试验 取待检菌接种肉汤，37℃培养6 h，摇匀取一接种环，转种于1.8 mL肉汤管中，同时加入5 IU/mL的青霉素液0.2 mL，使最终浓度为0.5 IU/mL，另取2 mL肉汤管接种待检菌，不加青霉素作为对照。均置37℃水浴中作用1～2 h，取出加入甲醛，使最终浓度为2%，固定10 min，涂片，晾干，再火焰固定，用1∶10石炭酸复红或美蓝染色2～3 min，镜检。若试验管菌体呈串珠状而对照管菌体仍呈长链杆状，表示被检菌为炭疽杆菌。串珠试验也可结合荧光抗体染色，则更具有实用价值。

5）青霉素抑菌试验 取待检菌2～3 h的肉汤培养物0.1 mL，滴在2%兔血清琼脂平板中心处，用L棒均匀涂布于表面。待干后用无菌镊子夹取青霉素纸片(青霉素100 IU/片)一张，贴于琼脂平板中央，置37℃培养1～2 h，用低倍镜观察，先找到纸片边缘，由内向外移动检查，由于青霉素向四周扩散，而形成不同的浓度差，可见纸片周围形成3个圈。第一圈青霉素浓度高，炭疽杆菌生长完全被抑制，为无菌生长的透明圈；第二圈青霉素浓度较低，炭疽杆菌形态发生改变，菌体肿大呈串珠状；第三圈无青霉素作用，炭疽杆菌生长良好。此结果观察后，仍将琼脂平板置37℃继续培养8～12 h，测量纸片周围抑菌圈的大小，炭疽杆菌一般为20 mm左右，其他需氧芽孢杆菌不形成抑菌圈，少部分菌株可能会有大小不等的抑菌圈，可与炭疽杆菌相区别。

6）毒力试验 将待检菌接种于含碳酸氢钠的琼脂平板上，置于10%～20%的CO_2环境中，37℃培养18～24 h，肉眼观察菌落。有毒炭疽芽孢杆菌可发生菌落形态变异，由粗糙型变为黏液型，而无毒炭疽芽孢杆菌及类炭疽芽孢杆菌在此条件下不发生菌落形态变异，仍为粗糙型。

二、皮毛检疫

(一)实验准备

1. 试剂材料

生理盐水，待检皮张、畜毛，0.5%石炭酸生理盐水，炭疽标准抗原，Ascoli氏沉淀管。

2.诊断血清

炭疽沉淀素血清。

(二)操作方法

1.病料的采集

采集疑为炭疽病畜的皮张、畜毛等材料。

2.抗原制备

先将待检材料置于能隔水的容器中,121℃ 30 min 高压灭菌。如为鲜皮、湿皮和冻皮检样,则于灭菌前先置37℃温箱中放置48～96 h烘干,然后再高压灭菌。灭菌后将皮张和畜毛剪碎,称取皮张小块或畜毛数克,浸于5～10倍量的0.5%石炭酸生理盐水中,在10～20℃室温下浸泡16～24 h或37℃ 3 h,用滤纸过滤完全透明的滤液,即为待检抗原。

3.沉淀反应

取3支沉淀管(直径0.3～0.4 cm,长4～5 cm),均用毛细滴管徐徐加入炭疽沉淀素血清至管高1/3处,然后分别在3支沉淀管中沿管壁慢慢叠加待检抗原(被检测管)、炭疽标准抗原(阳性对照管)和生理盐水或正常动物脏器(皮张)煮沸滤液(阴性对照管)于沉淀素血清的上面,达到管高的2/3处。叠加过程要避免产生气泡,两液叠加界面应清晰可见。然后将3支沉淀管直立插于沙盒中,静置5～10 min判定结果。

(三)结果判定

在被检测管中,上下重叠的两液界面上出现乳白色沉淀环者,为阳性反应,否则为阴性反应。两对照管中,阳性对照应出现白色环,而阴性对照应不出现白色环。

复习题与作业

1.死于炭疽的动物为何严禁剖检?

2.串珠试验检测炭疽的理论依据是什么?

3.Ascoli沉淀反应检测炭疽的原理是什么?

实验六　鸡沙门氏菌病的实验室诊断及种鸡检疫

沙门氏菌病是重要的人兽共患病。禽沙门氏菌病是由沙门氏菌属中一种或多种细菌引起的禽类的传染病，包括鸡白痢、禽伤寒、禽副伤寒三种不同的疾病。农业部行业标准《动物和动物产品沙门氏菌检测方法》(NY/T 550—2002)规定了动物和动物产品沙门氏菌检测方法。另外还有针对不同动物的沙门氏菌实验室诊断的国家标准和行业标准。本实验仅介绍常用的鸡白痢沙门氏菌的细菌学诊断技术和血清学检疫方法。其中细菌学试验主要用于该病的诊断，而血清学方法主要用于种鸡的检疫。血清学方法包括全血平板凝集、血清平板凝集和血清试管凝集试验，前者操作简易、方便实用，但只能作定性检测，且易受检疫现场环境因素影响而出现非特异性反应，因此仅适用于大规模鸡群的现场检疫或初步筛查；后两者特异性强，可以定量检测，需在实验室操作，反应条件易于控制，但需要采血分离血清，不适于大批量样品的检测。与全血平板凝集试验相比，血清平板凝集试验只是将全血换成血清，其他试剂、操作和判定方法都相同。

目　　的

掌握鸡白痢沙门氏菌分离与鉴定、全血平板凝集和血清试管凝集试验操作技术。

内容及方法

一、病原分离和鉴定

(一)实验准备

1. 培养基及试剂

营养肉汤培养基，胆硫乳(DHL)琼脂，沙门氏菌、志贺菌(SS)琼脂，亚硫酸铋(BS)琼脂，三糖铁培养基(TSI)，营养琼脂，半固体琼脂，增菌培养基(亚硒酸盐煌绿培养基、四硫磺酸钠煌绿培养基)。

2. 生化反应试剂

微量糖发酵管及其他生化试验培养基或微量生化反应管。

3. 沙门氏菌属诊断血清

A～F 群多价 O 血清，O_9 因子血清、O_{12} 因子血清、H-a 因子血清、H-d 因子血清、H-g. m 因子血清和 H-g. p 因子血清。

(二)操作方法

1. 病料的采集

无菌采取被检鸡的卵巢、肝、脾以及小肠和盲肠，活禽泄殖腔拭子，孵化期死胚或幼雏未吸收的卵黄囊。

2. 分离培养

将采集样品放入灭菌乳钵或匀浆器中研磨成匀浆，加入少量营养肉汤稀释。取活禽泄殖腔拭子分别划线接种 SS 或 BS 和 DHL 琼脂平板培养基，置 37℃ 培养 24～48 h。在 DHL 琼脂培养基上若出现黄褐色透明小菌落，或在 SS 琼脂平板上出现无色半透明圆形小菌落，或在 BS 琼脂平板上出现黑色或黑绿色小菌落，则为可疑菌落。若在鉴别培养基上无可疑菌落出现，应先增菌，后取菌液在鉴别培养基上划线分离，37℃ 培养 24～48 h，若有可疑菌落出现，则进一步做鉴定。

半固体培养基试管和其他生化培养基平板则分别加塞、加盖、详细标记。

3. 病原鉴定

1)镜检观察　取可疑菌落，涂片，在火焰上固定。滴加结晶紫染色液，染色 1 min，流水冲洗，甩干。滴加碘液，媒染 1 min，流水冲洗，甩干。滴加 95%乙醇脱色 15～30 s，流水冲洗，甩干。滴加沙黄复红染液，染色 10～20 s，流水冲洗，甩干、风干或滤纸吸干后在显微镜下用油浸镜头观察培养物形态和染色特征。若见革兰阴性杆菌，大小为(0.3～0.5) μm×(1～2.5) μm，无芽孢，多单个散在或呈丛存在，则可怀疑为沙门氏菌，并进行其他特性鉴定。

2)生化试验及判定　无菌操作将所需各种微量生化反应管无标记的一端用细砂轮切割弃去。把接种棒前端的铂金耳拉直，将其在酒精灯火焰上消毒并冷却后，蘸取经过纯培养的可疑液体培养物逐一接入不同生化反应管，每接一支微量生化反应管均应将铂金耳火焰消毒。接种完毕，微量生化反应管断端朝下轻轻放入小烧杯。半固体培养基试管和其他生化培养基平板则分别加塞、加盖、详细标记。放入 37℃ 培养 72 h，其中每天观察一次反应结果。72 h 观察结束后判定结果。

沙门氏菌一般可发酵葡萄糖产酸或产气，可利用麦芽糖、卫矛醇、甘露醇及鼠李糖，除伤寒沙门氏菌产酸不产气外，其他沙门氏菌均产酸产气。不发酵乳糖和蔗糖。触酶、赖氨酸脱羧酶、鸟氨酸脱羧酶、甲基红及硝酸盐还原等试验阳性，大多产生硫化氢。氧化酶、尿素酶、V-P 及吲哚(靛基质)等试验阴性。需要注意，有时不同血清型的菌株或同种血清型的不同菌株其生化反应稍有差异。

3)运动性试验　用拉直的铂金耳接种棒将可疑菌沿轴心穿刺接种于半固体培养基中，深 3～4 cm，37℃ 培养 24～48 h 后观察生长情况。有动力菌株沿着穿刺线扩散，形成云雾状，而无动力菌株只在穿刺线上生长，周围培养基保持澄清。只有鸡白痢沙门氏菌和鸡沙门氏菌无鞭毛不运动，其他沙门氏菌都能运动。

4)血清型鉴定　取可疑培养物接种三糖铁琼脂斜面，37℃ 培养 18~24 h。用接种环取两环沙门氏菌 A～F 群多价 O 血清于洁净玻璃板上，接种环在酒精灯火焰上消毒后取少量被检培养物与血清混匀，轻轻摇动玻板，于 1 min 内呈明显凝集现象者为阳性，不出现凝集者为阴性，生理盐水对照应无凝集现象出现。若呈阳性，再分别用 O_9、O_{12}、H-a、H-d、H-g. m 和 H-g. p 单因子血清按上述步骤作平板凝集反应。

如果培养物与 O_9、O_{12} 因子血清呈阳性反应，而与 H-a、H-d、H-g. m 和 H-g. p 因子血清呈阴性反应，则鉴定为鸡白痢沙门氏菌。

（三）结果判定

上述各项实验结果符合鸡白痢沙门氏菌鉴定标准，则为鸡白痢沙门氏菌阳性，否则为阴性。生化试验和血清学试验不一致时，以血清学试验为主。

二、全血平板凝集试验

农业部《鸡白痢抗体检测方法　全血平板凝集试验》（SN/T 1222—2003）规定了应用凝集试验检测鸡全血中鸡白痢抗体的方法，适用于成年鸡鸡白痢的流行病学调查、诊断、现场检疫和疫情监测。若抗原是由鸡白痢和鸡伤寒沙门氏菌等组成的多价抗原，则适用于成年种鸡鸡白痢和鸡伤寒的检疫。

（一）实验准备

1. 试剂

鸡白痢和鸡伤寒多价平板凝集抗原（为福尔马林灭活、结晶紫染色的细菌悬液）、阳性血清（500 IU/mL）和阴性血清，均由中国兽药监察所提供。

2. 物品

玻璃板或白瓷板、移液器、铂金耳、酒精灯、采血针头、消毒盘和酒精棉等。

（二）操作方法

实验在 20～25℃环境条件下进行。用玻璃铅笔在玻璃板或白瓷板上画出 3 cm×3 cm 的方格，用移液器吸取多价染色抗原 50 μL 垂直滴于玻璃板上。然后用针头刺破鸡的翅下静脉或冠尖，用铂金耳取两满环血液（约 50 μL），与抗原充分混合均匀，并使其散开至直径为2 cm，不断轻轻摇动玻璃板，2 min 后判定结果。同时设阳性血清和阴性血清对照。

（三）结果判定

1. 凝集现象观察与记录

对每份待测全血样品中抗体与细菌抗原的凝集程度进行观察，并按下述标准进行记录：

100%凝集（＋＋＋＋）：抗原呈明显的紫色大片状凝集，混合液淡红色微浑浊；

75% 凝集（＋＋＋）：抗原呈明显的片状或颗粒状凝集，混合液有轻度浑浊；

50% 凝集（＋＋）：抗原有明显的颗粒状凝集，混合液较为浑浊；

25% 凝集（＋）：抗原仅出现少量细小颗粒状凝集，混合液浑浊；

0%凝集（－）：无任何凝集现象出现，混合液浑浊如初。

2. 判定标准

在 2 min 内，抗原与阳性血清呈 100%凝集（＋＋＋＋），阴性血清不凝集（－），试验成立。此时若被检全血与抗原之间出现 50%（＋＋）以上凝集者为阳性，不发生凝集则为阴性。介于两者之间为可疑反应，将可疑鸡隔离饲养 1 个月后，再作检疫，若仍为可疑反应，按阳性鸡处理。

（四）注意事项

（1）抗原应在 2～15℃保存。

(2)本试验适用于产蛋母鸡及1岁以上公鸡,幼龄鸡敏感度较差。

(3)现场检疫时要注意尽可能减少空气流动和鸡群骚动,防止灰尘、异物造成非特异性凝集现象。

三、血清试管凝集反应

本实验适用于鸡伤寒和鸡白痢的实验室诊断和检疫。

(一)实验准备

1.待检鸡血清样品

以20号针头刺破鸡翅下静脉使出血,用长10～12 cm、直径0.3 mm、经高压灭菌的专用聚乙烯微量采血管一端靠近流血处,通过虹吸作用采集血液至管长的8/10处(约1.0 mL),每只鸡采2管。平放数分钟至血液凝固,将聚乙烯管未接触血液一端在酒精灯火焰上烧熔封口,置25～37℃ 1～2 h,待析出血清。分离血清,置4℃备用。

2.抗原

试管凝集反应抗原具有鸡沙门氏菌病各种代表性菌株的抗原成分,为无色悬液,静置后菌体抗原下沉。对阳性血清有高度凝集力,对阴性血清无凝集力。使用时将抗原稀释成每毫升含菌10亿的悬浮液,并把pH调至8.2～8.5,稀释的抗原限当天使用。

3.其他

鸡白痢阳性血清,阴性血清,0.50%石炭酸生理盐水。

(二)操作方法

每份待测样品需3支试管,依次编号。吸取抗原2 mL置第1管,第2、3管各加抗原1 mL。取被检血清0.08 mL加入第1管并充分混合,从第1管吸取1 mL移入第2管并充分混合,从第2管吸取1 mL移入第3管,混合后吸出1 mL弃去。此时1、2、3号试管中的血清稀释倍数依次分别约为1∶25、1∶50和1∶100。同时设阳性血清、阴性血清和生理盐水对照:在各含2 mL抗原的3支试管中分别加入阳性血清、阴性血清、生理盐水0.08 mL,充分混合后弃去1 mL。37℃温箱中孵育20 h后观察结果。

(三)结果判定

阳性血清对照管抗原应完全凝集于管底,形成边缘不整齐的伞状凝集片,上清透明,轻摇时无抗原上浮,液体不浑浊。阴性血清和生理盐水对照没有任何凝集现象发生,抗原自然下沉呈圆形或点状集中于管底,上清透明,轻摇时抗原上浮、液体变浑浊。此时若待测血清管中抗原和抗体发生与阳性对照管相似的凝集现象,该管则判为凝集反应阳性;否则,该管则判为凝集反应阴性。凝集现象介于阳性和阴性之间、不易判定者判为可疑。对可疑样品重复检测一次,仍为可疑者按阳性处理。鸡1∶50以上凝集者为阳性,火鸡1∶25以上凝集者为阳性。

对于种鸡,无论是细菌学还是血清学检测,其中任何一种结果呈阳性反应的均应作淘汰处理。

复习题与作业

1.简述沙门氏菌分离、鉴定的实验操作程序。如何鉴别该菌与大肠杆菌?

2.沙门氏菌血清型鉴定有何意义?

3.分述鸡白痢全血平板凝集反应与血清试管凝集反应的特点。

实验七　结核病的检疫

结核病是由分枝杆菌引起的人和动物共患的一种慢性传染病，人结核的10％以上是由牛分枝杆菌引起的。世界各国对结核病大多采取检疫净化的方法加以控制。牛结核菌素变态反应诊断有三种方法，即皮内反应、点眼反应及皮下反应。我国主要采用前两种方法，且同时并用。现在我国用提纯结核菌素诊断检疫结核病。皮内变态反应是世界动物卫生组织（OIE）唯一指定的检测方法，在我国其判断标准有三种：我国的国家标准、欧盟的对比PPD试验和OIE的判定标准。

目　　的

掌握牛结核菌素变态反应的诊断方法。

内容及方法

一、提纯结核菌素（PPD）皮内变态反应

（一）实验准备

脱脂棉、卡尺、弯剪、75％酒精。

注射器：可采用医用玻璃卡介苗注射器、皮试专用连续注射器或1 mL一次性无菌注射器，针头规格为0.5 mm×10 mm。

牛型PPD：根据使用说明在无菌状态下吸取一定量的稀释用水或灭菌生理盐水，注入PPD冻干粉玻璃瓶中，充分摇匀后使用，现配现用。

禽型PPD：配制方法同牛型PPD。

（二）操作方法

可单独采用牛型PPD，也可同时采用牛型PPD和禽型PPD进行试验。

注射部位在颈侧中部上1/3处或尾根部，3个月以下的犊牛也可在肩胛部进行，应确认注入皮内。

颈部术部剪毛，直径约10 cm，用卡尺测量术部中央皮皱厚度，做好记录，术部应无病变。牛型和禽型PPD的注射部位应间隔开，在颈部同侧应间隔开12～15 cm，或在不同侧进行。用

75%的酒精棉消毒注射部位，在皮内注入牛型PPD或禽型PPD，剂量为牛型PPD每头0.1 mL、不低于2 000 IU，或按试剂说明书配制的剂量；禽型PPD每头0.1 mL、不低于2 000 IU，或按试剂说明书配制的剂量。

（三）结果判定

注射后72 h观察判定结果。仔细观察局部有无发热、肿胀等炎性反应，用卡尺测量皮皱厚度，注射前后同一部位的卡尺测量方向应保持一致，在记录表上详细记录。

1. 单独采用牛型PPD

颈部注射：术部注射前后皮厚差大于或等于4 mm，或出现严重炎症反应，判为阳性；皮厚差大于2 mm小于4 mm，且无典型炎症反应判为可疑；皮厚差小于或等于2 mm，无典型炎症反应，判为阴性。对于已确认感染的牛群，皮试出现任何可触摸或可见的炎症反应判为阳性。

尾根注射：出现可触摸或可见的炎症反应判为阳性，未出现可触摸或可见的炎症反应判为阴性。

2. 同时采用牛型PPD和禽型PPD

注射牛型PPD部位的皮厚差大于注射禽型PPD部位的皮厚差4 mm以上，或牛型PPD反应阳性、对牛型PPD的反应大于对禽型PPD的反应、两者皮厚差在2 mm以上，判为牛型PPD皮内变态反应试验阳性。其他情况下，注射牛型PPD部位的皮厚差大于禽型PPD部位的皮厚差1～4 mm，判为牛型PPD皮内变态反应可疑；注射牛型PPD部位的皮厚差与注射禽型PPD部位的皮厚差小于1 mm，或注射牛型PPD部位的皮厚差小于或等于注射禽型PPD部位，判为牛型PPD皮内变态反应试验阴性；对禽型PPD反应大于对牛型PPD反应，二者皮厚差在2 mm以上，判为禽型PPD皮内变态反应试验阳性。

（四）复检

判为可疑反应的，于42天后进行复检，结果仍为可疑或阳性的，判为阳性。

备注：

禽结核皮内变态反应试验

操作方法：家禽可在肉髯皮内注射禽型PPD，剂量为每羽0.1 mL、约2 000 IU或按说明书配制的剂量。

结果判定：注射后48 h观察判定结果。注射部位肿胀，出现硬结、扩展至对侧肉髯和颈部的广泛性水肿等炎性反应，判为阳性；注射部位无肿胀等炎性反应，判为阴性。

其他动物结核病皮内变态反应试验

羊、鹿、猪等其他大中动物的皮内变态反应试验参照牛的皮内变态反应试验进行。

二、细菌学检查

（一）实验准备

1. 设备

Ⅱ级生物安全柜、恒温培养箱、冰箱（2～8℃、-18℃）、离心机（离心力可达2 000g）、显微镜。

2. 试剂

均为化学纯。

3. 溶液和培养基

4%硫酸，3%～4%氢氧化钠溶液，5%～10%盐酸溶液，氢氧化钠消化液，0.1 mol/L 柠檬酸钠溶液，*N*-乙酰-*L*-半胱氨酸，15%～20%安替福民(antiformin)溶液，甘油蛋白，萋-尼氏(Ziehl-Neelsen)抗酸染色液，对硝基苯甲酸(PNB)培养基，PBS(1/15 mol/L)缓冲液，改良罗氏(Lowenstein-Jensen，L-J)培养基，吐温-80(Tween-80)水解试验溶液，硝酸盐还原试验溶液，0.2%氨苯磺胺，0.1% *N*-甲基盐酸二氨基乙烯，0.12%尿素溶液，0.1%酚红指示剂，噻吩-2-羧酸肼(TCH)培养基。

(二)操作方法

1. 病料采集

对于病死动物，应采集其淋巴结及病变组织器官(如肝、脾、肺等)作为细菌学检查的材料；对于怀疑有呼吸道结核、乳房结核、泌尿生殖道结核、肠结核的活畜，应相应采集其痰、乳、精液、子宫分泌物、尿和粪便作为细菌学检查的材料；对于皮内变态反应试验阳性，但尸检无病理变化的动物，应采集其下颌、咽后、支气管、肺(特别是肺门)、纵隔及肠系膜的淋巴结作为细菌学检查的材料。

2. 病料的运送

样品应封装在无菌的洁净容器或样品袋内冷藏运送。当天无法送达实验室的，应冷冻后运送。当无法提供冷冻条件时，可在病料中加入硼酸，使其终浓度为0.5%，但样品处理保存时间不超过1周。

3. 病料的前处理

1)硫酸处理法　此法适用于痰、尿、粪和病变组织等的处理。处理前，病变组织先按常规方法研磨或匀浆制成乳剂。将痰、尿、粪或病变组织等加入5倍4%硫酸溶液中混合，然后置37℃作用1～2 h，经1 000*g* 离心30 min，弃上清液，取沉淀物涂片镜检、培养和接种动物。也可用硫酸处理后，在沉淀物中滴加3%氢氧化钠溶液中和，然后涂片镜检、培养。

2)氢氧化钠处理法　此法适用于痰、尿、粪和病变组织等的处理。消化处理前，病变组织先按常规方法制成乳剂。将被检的痰、尿、粪便或病变组织加入5倍氢氧化钠消化液中，混匀后，37℃作用2～3 h，然后无菌滴加5%～10%盐酸溶液进行中和，将样本的pH调至6.8左右(此时显淡黄绿色)，以1 000*g* 离心15～20 min，弃上清液，取沉淀物涂片镜检、培养。

对痰液的消化浓缩还可采用以下处理方法：取4%氢氧化钠溶液50 mL，0.1 mol/L 柠檬酸钠50 mL，*N*-乙酰-*L*-半胱氨酸0.5 g混合，取痰液按1∶2的比例加入上述混合液，作用24～48 h，以1 000*g* 离心15 min，取沉淀物涂片镜检、培养。

3)安替福民溶液处理法　此法适用于痰、乳、精液和子宫分泌液等的处理。将被检样品置于试管中，加入3～4倍量的15%～20%安替福民溶液，充分摇匀后37℃作用1 h，加1～2倍量的灭菌蒸馏水，摇匀，1 000*g* 离心20～30 min，弃上清液，沉淀物加蒸馏水恢复原量后再离心一次，取沉淀物涂片镜检、培养。

4. 染色镜检

1)涂片　先在玻片上涂布一薄层甘油蛋白，然后吸取处理好的样品滴加其上，涂布均匀。

如被检样品为乳汁等含脂肪较多的材料，在涂片制成后，滴加二甲苯或乙醚，使其覆盖整个涂片，摇动 1～2 min 脱脂后倾去，再滴加 95%酒精，以除去二甲苯，待酒精挥发后即可染色。

2)萋-尼氏抗酸染色　涂片经火焰固定后，滴加苯酚复红染色液，使其覆盖整个涂片。之后，将玻片置于火焰上加热至出现蒸汽但不产生气泡，脱离火焰，染色 5 min。如热染过程出现染色液干涸，应及时添加，适量补充。充分水洗后滴加 3%盐酸酒精脱色液，脱色 30～60 s，至无色素脱下为止。充分水洗，以骆氏美蓝染色液复染 1 min。水洗，吹干，镜检。

3)镜检　分枝杆菌为抗酸菌，因不被盐酸酒精脱色而染成红色，而其他细菌与动物细胞可被盐酸酒精脱色而均被染成蓝色。在显微镜下，分枝杆菌呈细长平直或微弯曲的杆菌，长 1.5～5 μm，宽 0.2～0.5 μm，在陈旧培养基或干酪性淋巴结内，偶尔可见长达 10 μm 或更长的菌体。

5.分离培养

将经过处理的病料接种到改良 L-J 培养基与 TCH 培养基上，每份样品同时接种 2～4 管，在 37℃培养 1 天后，以熔化的石蜡封口，继续培养至少 8 周(一般 10～12 周)。

结核分枝杆菌菌落干燥、粗糙，呈白色、黄色或橙色并牢牢附着于培养基中，在 TCH 培养基上生长。牛分枝杆菌在固体培养基上不产生任何颜色，菌落湿润、略显粗糙并发脆，如在培养基中加入 1%的丙酮酸钠可促进其生长，在 TCH 培养基上不生长。禽分枝杆菌在固体培养基上形成湿润、弥漫状、光滑及星光状菌落，在 TCH 培养基上生长。

禽分枝杆菌可在 42℃培养生长，结核分枝杆菌和牛分枝杆菌在 42℃不生长。

三、生化鉴定

对硝基苯甲酸(PNB)试验：准备 PNB 培养基 1 支，L-J 培养基 1 支，每支培养基接种 10^{-3} mg 细菌；37℃孵育 4 周，每周观察一次结果并记录两种培养基上菌落的生长情况。牛分枝杆菌、结核分枝杆菌在 PNB 培养基上不生长。

TCH 抗性试验：将细菌接种于 TCH 培养基和改良 L-J 培养基，37℃培养，1 周后开始观察，培养 8 周。能同时在这两种培养基上生长，且菌落符合结核分枝杆菌菌落特征者，判为 TCH 抗性试验阳性；若只能在 L-J 培养基上生长，而不能在 TCH 培养基上生长，则判为阴性。

尿素酶试验：准备两支试管，试管 A 加入 3 mL PBS(pH 6.7，1/15 mol/L)和 1 滴 0.1%酚红指示剂；试管 B 加入用 PBS(pH 6.7，1/15 mol/L)配制的 0.12%尿素溶液和 1 滴 0.1%酚红指示剂。挑取细菌约 5 mg 置于试管 B 中。两支试管均置 37℃培养 3 天观察结果。A 管空白对照不变色，B 管菌液呈红色判为阳性，不变色者判为阴性。

硝酸盐还原试验：挑取细菌约 5 mg，置于装有 2 mL 硝酸盐还原试验溶液的试管中，充分混匀，置 37℃水浴 2 h，滴加 1 滴 2 倍稀释的盐酸，2 滴 0.2%氨基苯磺胺，2 滴 0.1% *N*-甲基盐酸二氨基乙烯，混匀，观察结果。用 PBS(7.0，1/15 mol/L)取代硝酸盐还原试验溶液设一管空白对照。1 min 内呈红色判为阳性；试剂混匀后 1 min 内颜色无变化判为阴性，空白对照应无色或呈淡的粉红色。

耐热接触酶试验：用生理盐水配制含菌量为 10 mg/mL 的菌液，分装试管，每管 0.5 mL，分别置于 68℃水浴 20 min，冷却后缓缓加入 0.5 mL 过氧化氢(H_2O_2)和吐温-80 混合液(10%吐温-80 加等量 30%H_2O_2)，肉眼观察结果。有持续小气泡产生的判为阳性，10～20 min 仍无气泡产生的判为阴性。

吐温-80(Tween-80)水解试验：向 100 mL 磷酸盐缓冲液(1/15 mol/L，pH 7.0)中加入 0.5 mL Tween-80、2 mL 0.2%中性红溶液。经 112 kPa 灭菌 20 min，分装于试管中，每管 2 mL。在 4～10℃可保存 2 周。取上述试管，加入 10 mg/mL 的菌液 0.5 mL，37℃培养 3～5 天观察结果。试管内由原来的琥珀色变为桃红色或红色者判为阳性，无颜色变化者判为阴性。牛分枝杆菌、结核分枝杆菌和禽分枝杆菌的生化特性见表 7-1。

表 7-1　牛分枝杆菌、结核分枝杆菌和禽分枝杆菌的生化特性

细菌	对硝基苯甲酸试验	TCH 抗性试验	尿素酶试验	硝酸盐还原试验	耐热接触酶试验	吐温-80 水解试验
牛分枝杆菌	－	－	＋	－	－	－
禽分枝杆菌	＋	＋	－	－	±	－
结核分枝杆菌	－	＋	＋	＋	－	±

注："＋"表示所有菌株阳性反应；"－"表示所有菌株阴性反应；"±"表示多数菌株阳性反应，少数菌株阴性反应。

复习题与作业

1. 对牛场结核病进行检疫时，采用哪种变态反应方法？
2. 简述结核病的病原学诊断。
3. 试比较牛分枝杆菌、结核分枝杆菌和禽分枝杆菌的生化特性。

实验八　布氏杆菌病的检疫

《WHO 实验室生物安全手册》将布氏杆菌列为Ⅲ类危险级。布氏杆菌病(简称布病)是最容易实验室感染的疾病之一,当处理培养物和严重感染样品(如流产的材料)时要采取严格的安全预防措施。羊布氏杆菌对人有高度致病性,是世界上最严重的人畜共患病之一。牛布氏杆菌对人也具有高度致病性,实验室操作活的培养物或动物的污染材料是很危险的,必须在严格的生物安全三级或更高控制条件下进行,尽量减少职业暴露。处理大量布氏杆菌建议使用不低于生物安全三级的控制条件。职业性接触常致病,通常口、呼吸系统、结膜是主要感染途径,食入感染的奶制品构成主要的公共卫生危害。兽医经常接触感染动物和流产胎儿或胎盘,存在很大的职业危险。

目　　的

掌握布氏杆菌病的细菌学、血清学检疫方法。

内容及方法

一、细菌分离与鉴定

(一)实验准备

肝汤培养基、血清或吐温-40、基础培养基(胰蛋白胨琼脂、胰蛋白酶消化大豆琼脂及 ABA)、放线酮、杆菌肽、乙种多黏菌素、结晶紫或乙基紫、改良 Ziehl-Neelsen 氏染色试剂、二氧化碳密闭容器。

(二)操作方法

1. 样品收集与保存

以细菌培养诊断动物布氏杆菌病时,样品的选择应以观察到的临床症状为依据。最有用的样品包括流产的胎儿(胃内容物、脾、肺)、胎膜、阴道分泌物(阴道冲洗物)、奶、精液、关节液和水囊瘤液。死后采集样品的首选组织为网状内皮组织(如头、乳腺和生殖器淋巴结及脾)、怀孕后期或生产后早期的子宫、乳房。通常 2～3 天即可见有菌落生长,如无细菌生长也要培养 8～10 天才能认为是阴性而弃去。所有样品采集后应冷藏并立即用最快的方式运送到实验室。送到实验室时,奶和组织样品如不马上分离应冷冻保存。

2. 培养特性

布氏杆菌为需氧菌，对营养要求严格，初代分离培养时，须在含肝汤、血清等营养丰富的培养基上才能生长。许多实验室在基础培养基（如血琼脂、哥伦比亚琼脂）中加入血清以促进某些布氏杆菌菌株的生长，如加入2%～5%的牛血清或马血清，是牛布氏杆菌2型生长所必需的。其他合适的培养基还有血清葡萄糖琼脂（SDA）、甘油葡萄糖琼脂。该菌生长缓慢，一般需要7天或更长时间才能长出肉眼可见的菌落。比较起来，羊布氏杆菌生长最慢，猪布氏杆菌最快，牛布氏杆菌介于两者之间。多次传代后，不但生长变快（2～3天即可长出菌落），而且对营养要求低，在普通培养基上也能生长。在血清肝汤琼脂上，形成湿润、闪光、表面隆起、边缘整齐的菌落，直径1～2 mm。透射光下，菌落呈浅黄色有光泽，半透明。从上面看，菌落微隆起，灰白色。随时间推移，菌落变大，颜色变暗。光滑型（S）布氏杆菌在培养特别是继代培养时易发生变异而形成粗糙型（R），菌落透明度降低、边缘粗糙、表面干燥、在折射光下呈暗白或黄色。变异检查操作简单，如用结晶紫染色，粗糙型菌落染成红色，而光滑型菌落染成浅黄色。如果菌落是光滑型的，则应用光滑型牛布氏杆菌抗血清或最好用A和M表面抗原特异单价抗血清进行试验。若为非光滑型菌落，分离物应用布氏杆菌R抗原的抗血清进行测试。

未经污染的材料接种于血清琼脂或肝汤琼脂上进行培养。为抑制杂菌生长，特别是有可能被污染的材料应接种于选择培养基上。同时接种两份，一份置于含有10%二氧化碳的密封容器中，以利于最初分离时，需要二氧化碳的布氏杆菌能生长。

3. 形态与染色

该菌初次分离培养时多呈球杆状，牛布氏杆菌、猪布氏杆菌经传代培养渐呈杆状，羊布氏杆菌则不变。布氏杆菌多为长0.6～1.5 μm，宽0.5～0.7 μm的球杆菌或短杆菌。它们多单独存在，很少成对或成团。布氏杆菌无鞭毛、不运动，无菌毛，无芽孢，不形成真正的荚膜。布氏杆菌革兰氏染色阴性，一般不发生两极着染。用改良Ziehl-Neelsen氏法染色，布氏杆菌菌体染成红色，背景为蓝色。

改良Ziehl-Neelsen氏法适于作胎膜和流产胎儿内容物染色之用。流产数日内取阴道拭子制作抹片，也可用此法染色。

(1)抹片晾干，在火焰上固定。

(2)用Ziehl-Neelsen氏石炭酸复红原液（原液为碱性复红1 g，溶于10 mL无水乙醇中，加入5%石炭酸溶液90 mL）的1∶10稀释液染10～15 min。

(3)水洗后，用0.5%乙酸脱色15～30 s。

(4)充分水洗后，用1%美蓝复染20～60 s。

(5)水洗、干燥、镜检。

4. 生化特性

该菌分解糖类的能力因种类而不同。一般能分解葡萄糖产生少量酸，不能分解甘露糖，不能产生靛基质，不液化明胶，不凝固紫乳。V-P试验及MR试验均阴性。有些菌型能分解尿素和产生H_2S。

二、虎红平板凝集反应

（一）实验准备

虎红平板标准凝集抗原、虎红平板标准阳性血清、虎红平板标准阴性血清、载玻片、移液器、吸头、牙签或火柴杆。

(二)操作方法

在玻璃板上标上受检血清号，然后加相应血清 0.03 mL；在受检血清旁滴加抗原 0.03 mL；用牙签类小棒搅动血清和抗原使之混合；每次试验应设阴、阳性血清对照。

(三)结果判定

在阴、阳性血清对照成立的条件下，方可对被检血清进行判定。

受检血清在 5 min 内出现肉眼可见凝集现象者判为阳性(+)，无凝集现象、呈均匀粉红色者判为阴性(−)。

三、全乳环状试验

(一)实验准备

布病全乳环状抗原：由制标单位提供，按说明书使用。

乳样：受检乳样须为新鲜的全乳。采乳样时应将母畜的乳房用温水洗净、擦干，然后将乳液挤入洁净的器皿中。采集的乳样夏季时应于当日检查，保存于 2℃时，7 天内仍可使用。

(二)操作方法

取乳样 1 mL，加于灭菌凝集试验管内。取充分振荡混合均匀的全乳环状抗原 1 滴(约 50 μL)加入乳样中充分混匀。置 37～38℃水浴中 60 min。加温后取出试管勿使振荡，立即进行判定。

(三)结果判定

强阳性反应(+++)：乳柱上层乳脂形成明显的红色环带，乳柱白色，临界分明；

阳性反应(++)：乳柱上层乳脂的环带呈红色，但不显著，乳柱略带颜色；

弱阳性反应(+)：乳柱上层乳脂的环带颜色较浅，但比乳柱颜色略深；

疑似反应(±)：乳柱上层乳脂的环带颜色不明显，与乳柱分界不清，乳柱不褪色；

阴性反应(−)：乳柱上层无任何变化，乳柱颜色均匀。

四、试管凝集反应

本试验按《布氏杆菌病试管凝集试验操作规程》进行。

(一)实验准备

稀释液：0.5%石炭酸生理盐水。

标准抗原、阳性血清和阴性血清由制标单位提供，按说明书使用。

凝集试验管(三分管)、试管架、吸管及温箱。

(二)操作方法

按常规方法采血分离血清。

运送和保存血清样品时防止冻结和受热，以免影响凝集价。若 3 天内不能送到实验室，按每 9 mL 血清加 1 mL 5%石炭酸生理盐水(徐徐加入)防腐，也可用冷藏方法运送血清。

以羊和猪为例，每份血清用 4 支凝集试验管。

(1)第 1 管标记检验编码后加 1.15 mL 稀释液。

(2)第 2～4 管各加入 0.5 mL 稀释液。

(3)然后用 1 mL 吸管取被检血清 0.1 mL,加入第 1 管内,并混合均匀。混合方法是将该试管中的混合液吸入吸管内,再沿试管壁吹入试管中,如此吸入、吹出 3～4 次,充分混匀后以该吸管吸混合液 0.25 mL 弃去。

(4)取 0.5 mL 混合液加入第 2 管,用该吸管如前述方法混合。

(5)再吸第 2 管混合液 0.5 mL 至第 3 管,如此倍比稀释至第 4 管,从第 4 管弃去混匀液 0.5 mL。

(6)稀释完毕,第 1～4 管的血清稀释度分别为 1∶12.5、1∶25、1∶50 和 1∶100。

(7)牛、马、鹿、骆驼血清稀释法与上述基本一致,差异是第一管加 1.2 mL 稀释液和 0.05 mL 被检血清。

(8)将 0.5 mL 20 倍稀释的抗原加入已稀释好的各血清管中,并振摇均匀,羊和猪的血清稀释度依次变为 1∶25、1∶50、1∶100 和 1∶200,牛、马、鹿和骆驼的血清稀释度则依次变为 1∶50、1∶100、1∶200 和 1∶400。

大规模检疫时也可只用 2 个稀释度,即牛、马、鹿和骆驼用 1∶50 和 1∶100,猪、山羊、绵羊和犬用 1∶25 和 1∶50。

(9)置 37～40℃温箱 24 h,取出检查并记录结果。

(10)每次试验均应设阳性血清、阴性血清和抗原对照。

阴性血清对照:阴性血清的稀释和加抗原的方法与受检血清相同。

阳性血清对照:阳性血清需稀释到原有滴度,加抗原的方法与受检血清相同。

抗原对照:1∶20 稀释抗原液 0.5 mL,再加 0.5 mL 稀释液,观察抗原是否有自凝现象。

(三)结果判定

1. 供判定参照比浊管的制备

每次试验需制备比浊管(表 8-1),作为判定凝集反应程度的依据。

表 8-1　比浊管的制备

管号	20 倍稀释抗原/mL	稀释液/mL	透明度/%	标记
1	0.00	1.00	100	++++
2	0.25	0.75	75	+++
3	0.50	0.50	50	++
4	0.75	0.25	25	+
5	1.00	0.00	0	−

2. 结果判定

(1)参照比浊管,按各试管上层液体清亮度判读。

++++:菌体完全凝集,100%下沉,上层液体 100%清亮;

+++:菌体几乎完全凝集,上层液体 75%清亮;

++:菌体凝集显著,液体 50%清亮;

+:凝集物有沉淀,液体 25%清亮;

—:凝集物无沉淀,液体均匀混浊。

(2)牛、马、鹿和骆驼 1:100 血清稀释,猪、山羊、绵羊和犬 1:50 血清稀释,出现"++"以上凝集现象时,受检血清判定为阳性。

(3)牛、马、鹿和骆驼 1:50 血清稀释,猪、山羊、绵羊和犬 1:25 血清稀释,出现"++"以上凝集现象时,受检血清判定为可疑反应。

可疑反应家畜经 3~4 周后重检,如果仍为可疑,该牛、羊判为阳性。猪和马经重检仍保持可疑水平,而农场的牲畜没有临床症状和大批阳性患畜出现,该畜被判为阴性。猪血清偶有非特异性反应,须结合流行病学调查判定,必要时应配合补体结合试验和鉴别诊断,排除耶尔森氏菌交叉凝集反应。

五、动物布病补体结合试验

《布氏杆菌病补体结合试验操作规程》(SN/T 1088—2010)适用于牛布氏杆菌病和猪布氏杆菌病的血清学诊断,其他种可参考执行。

复习题与作业

1. 疑似布氏杆菌病绵羊流产胎儿一只,如何进行细菌学检查?
2. 布氏杆菌病血清学诊断方法主要有哪几种?其优缺点如何?

实验九　伪狂犬病的实验室诊断

伪狂犬病(pseudorabies，Pr；又名 Aujeszky's disease，AD)是由疱疹病毒科猪疱疹病毒Ⅰ型(伪狂犬病病毒 PrV)引起的各种家畜和野生动物以发热、奇痒(猪除外)及脑脊髓炎为特征的急性传染病。除猪以外的其他动物发病均以死亡告终，但呈散发形式或地方疫源性疾病。该病对养猪业的危害最大，在猪呈暴发流行，常引起妊娠母猪发生流产、死胎、木乃伊胎，新生仔猪大量死亡，育肥猪发生严重的呼吸道症状和增重滞缓，种猪不育，给养猪业造成巨大的经济损失。世界动物卫生组织(Wold Organisation for Animal Health，OIE)将其列为B类动物疫病，我国将其列为二类动物疫病。

目　　的

掌握伪狂犬病的实验室诊断方法。

内容及方法

一、病毒的分离培养

(一)细胞分离培养

多种哺乳动物细胞均可繁殖伪狂犬病病毒，如猪肾上皮细胞(PK-15 和 IBRS-2)、仓鼠肾传代细胞(BHK-21)、鸡胚成纤维细胞(CEF)，病料接种后 24～72 h 可出现典型的细胞病变，即出现巨细胞，部分病变细胞胞浆内颗粒增多，细胞肿大变圆，而不互相融合，渐渐萎缩坏死。此时将细胞培养物作苏木紫-伊红染色，可观察到嗜酸性核内包涵体。

(二)鸡胚接种

用 9～11 日龄鸡胚作绒毛尿囊膜接种，也是一种常用的病毒分离方法。感染鸡胚常可呈现特征性病变，如心、肝、脾增大；心包腔积液，液体混浊；肝、脾有大的坏死灶；皮肤和脑出血。在血管内皮细胞、脾基质细胞、肝的实质细胞和基质细胞内，镜检可见到核内包涵体。

(三)动物实验

分离病毒的材料可采取水肿液、侵入部的神经干、脊髓、脑组织、扁桃体以及内脏。病料用培养液制成 1∶10 组织悬液，离心沉淀，取上清液皮下、肌肉或脑内接种家兔，接种后36～48 h

在接种部发生典型的奇痒症状后死亡，兔子会撕咬接种部位。亦可接种小鼠，症状与家兔相似，但不如兔敏感。

(四)病毒鉴定

分离获得病毒后即可进行鉴定，包括病毒的形态结构、理化特性、培养特性、中和试验等。应用已知标准毒株的免疫血清对新分离病毒做中和试验，采用常规的病毒稀释法或血清稀释法均可。将病毒-血清混合液置于37℃作用1～1.5 h后，接种细胞进行中和能力测定和统计，分析毒力强弱。

(五)特异性免疫荧光诊断法

对可疑病畜或接种动物的中枢神经系统(中脑、脑桥、延脑或脊髓等)做冰冻切片或压片，用免疫荧光直接法检查。阳性病例可见神经节细胞胞浆及核内均有荧光。感染的组织细胞亦可用此法来确定病毒感染。

二、抗体的检测

特异性抗体的检测主要用于猪(自然条件下，其他动物感染均很快死亡)。抗体检测的方法包括病毒中和试验、琼脂扩散法、补体结合试验。其中病毒中和试验可用于检测血清中的特异性抗体。操作方法：选用伪狂犬病细胞适应毒，以每0.1 mL病毒溶液中含有100$TCID_{50}$的稀释病毒与连续作2倍稀释的被检血清0.1 mL混合，37℃培养1.5 h，再接种于细胞培养物上；每个血清稀释度至少接种4个细胞培养物，每个培养物接种0.2 mL。试验时应设立阳性和阴性血清对照。病毒接种于细胞培养物后，37℃继续培养并观察细胞病变。判定结果，当不出现细胞病变则血清判为阳性，如果细胞病变不明显或比阴性血清还少，或只是部分出现细胞病变应判为可疑(应重检一次)。用能使病毒的细胞病变被完全中和的血清最高稀释度的倒数来表示血清滴度。康复猪的血清常有1∶8到1∶64的中和能力。

随着伪狂犬病基因缺失疫苗的应用，临床上区分疫苗免疫和野毒感染的ELISA试剂盒可供选用。检测免疫抗体的主要是gB-ELISA，检测野毒感染的目前最多的是gE-ELISA，是采用重组表达的蛋白作为包被抗原，检测相应的抗体，可参照相应的商品化试剂盒(主要是间接ELISA原理)操作。

三、PCR诊断

聚合酶链式反应(PCR)是一种以DNA为模板，在体外特异性地扩增目的片段的技术，该技术目前常用于猪伪狂犬病的快速诊断。本实验主要采集感染猪的肝、脾脏、大脑或淋巴结；样品剪碎、裂解和冻融，离心取上清；以核酸提取试剂盒提取核酸(参照商品试剂盒步骤)；以样品DNA为模板，进行PCR扩增。检测引物可根据病毒各个基因的保守序列进行设计。反应程序为：94℃ 5 min；94℃ 40 s，55℃ 30 s，72℃ 30 s，共30个循环；72℃延伸10 min；取样以1%琼脂糖凝胶电泳观察，PCR产物4℃保存。

复习题与作业

1. 伪狂犬病的实验室诊断方法有哪些？
2. 试述猪伪狂犬病的PCR诊断方法及步骤。

实验十　猪瘟的实验室诊断及免疫检测技术

猪瘟是由黄病毒科瘟病毒属的猪瘟病毒(classical swine fever virus,CSFV)引起的一种重要的猪传染病,临床表现发热、厌食、衰竭、死亡和繁殖障碍等症状,特征性病理变化为淋巴结周边出血(大理石样变)、脾梗死、回盲部淋巴结纽扣状坏死、肾脏麻雀卵样变。国家标准《猪瘟诊断技术》(GB/T 16551—2008)、《猪瘟病毒实时荧光 RT-PCR 检测方法》(GB/T 27540—2011)规定了检测方法,主要包括:病原学检测方法、血清抗体的 ELISA 检测方法等。目前用于临床检测的常见技术是:病毒分离与鉴定、家兔交叉免疫试验、病毒实时荧光 RT-PCR 检测技术、猪瘟抗体的竞争 ELISA 试验。

目　　的

初步掌握猪瘟病毒的分离与鉴定,了解实时荧光 RT-PCR 等实验室诊断技术。

内容及方法

一、病原学检测方法

样品的采集:急性病例采取猪的扁桃体,慢性病例选用回肠末段的纽扣样病变组织,也可采集典型病变组织(淋巴结、脾脏、肾脏)等;采集后低温(冰盒)保存迅速运到实验室进行检测。

(一)病毒分离与鉴定

1. 样品处理

将病料 2 g 左右加入 5 mL DMEM 培养液,组织匀浆器匀浆后,加入双抗(青霉素 500 U/mL+链霉素 500 μg/mL),室温放置 1 h,以3 000 r/min 离心 15 min,取上清液,4℃保存备用。

2. 细胞接种和培养

猪肾上皮细胞(PK-15)或猪睾丸上皮细胞(ST)单层用胰酶消化后,制成含有 5%胎牛血清的细胞悬液(2×10^6个/mL);9 份细胞悬液与 1 份病料混合,接种于细胞飞片或 96 孔微量细胞培养板中,另设不加病料的对照若干片(孔),接种后 1 天、2 天、3 天,取出飞片或培养板,用 PBS 洗涤两次,然后用冷无水丙酮固定 10 min。

3. 荧光抗体法检测

上述固定的飞片或培养板 PBS 洗涤 3 次，每次 3～5 min，滴加猪瘟荧光抗体，置于湿盒 37℃孵育 45 min；PBS 洗涤 3 次，每次 3～5 min；滴加二脒基苯基吲哚（DAPI）染料，室温染色 10 min；PBS 洗涤 3 次，每次 3～5 min；载玻片加上封片剂（缓冲甘油等），飞片反压在载玻片上。荧光显微镜下观察结果，如果出现绿色荧光，表明有猪瘟病毒。

（二）家兔交叉免疫试验

1. 样品处理

将适量病料加入无热源性的生理盐水（体积比 1∶10）中，用组织匀浆器磨碎后，离心，去沉淀留取上清，4℃保存备用。

2. 接种家兔

将样品肌肉注射三只健康家兔（体重 2 kg 左右），每只 5 mL，另设三只不注射病料而仅注射生理盐水的对照兔，24 h 后开始测量体温，每隔 6 h 测量一次，连续测量 5 天。

3. 接种兔毒

接种样品 5 天后，对所有家兔耳静脉注射 100 个兔体最小感染量的猪瘟兔化弱毒（淋巴毒、脾脏毒等），用无热源性的生理盐水稀释，同时增设两只仅注射猪瘟兔化弱毒的对照兔。24 h后开始测量体温，每隔 6 h 测量一次，连续测量 6 天。注射生理盐水和仅注射猪瘟兔化弱毒的两组对照兔分别有 2/3 和 2/2 出现定型热或轻型热，则试验结果成立。

4. 结果判定

猪瘟强毒或野毒不引起家兔体温反应，但能使其产生免疫力，从而能抵抗猪瘟兔化弱毒的攻击，因此可以用猪瘟兔化弱毒攻击接种样品的家兔，通过体温反应判定是否有猪瘟强毒或野毒感染（表 10-1）。

表 10-1　家兔交叉免疫试验结果判定

接种病料后体温反应	接种猪瘟兔化弱毒后体温反应	判定被检样品的病毒类型
无	无	猪瘟强毒或野毒
无	有	不含任何猪瘟病毒
有	无	猪瘟兔化弱毒
有	有	含非猪瘟病毒热源性物质
对照兔（接种生理盐水）	有	阴性对照成立
二次对照兔（接种猪瘟弱毒）	有	阳性对照成立

（三）病毒实时荧光 RT-PCR 检测技术

1. 样品处理

取病料 2 g，加入 2 倍体积的 PBS，组织匀浆器充分匀浆，转移至离心管中，4℃ 10 000 r/min 离心 10 min，取上清转移至无 RNA 酶的离心管中，备用。细胞培养物则反复冻融 3 次，收集培养物备用。

2. RNA 提取

取 300 μL 上述处理好的样品上清，加入 700 μL TRIzol 液，涡旋振荡 20 s，室温下作用

5 min，加入 200 μL 三氯甲烷，涡旋振荡 15 s，室温作用 10 min；4℃ 12 000 r/min 离心15 min；轻轻吸取上清转移至新的无 RNA 酶的离心管中，约 600 μL，然后加入等体积的预冷的异丙醇，反复颠倒混匀，室温静置 10 min；4℃ 12 000 r/min 离心 15 min；倒掉上清，吸水纸吸干管壁液体，加入 1 mL 预冷的 75%乙醇，轻轻颠倒数次，4℃ 12 000 r/min 离心 5 min；用移液器吸取上清丢弃（注意不要吸到沉淀），超净台内将残留的乙醇吹干，5～10 min；无 RNA 酶（RNase）水 20～50 μL 溶解沉淀（总 RNA）。

3. cDNA 合成

吸取 2 μL 上述 RNA 至 PCR 管中，加入 1 μL 50 pmol/L 的下游引物或随机引物，4 μL 5×缓冲液、2 μL dNTP 混合液、1 μL RNase 抑制剂、1 μL 反转录酶（AMV）、无 RNase 的三蒸水添加至 20 μL，轻轻混合均匀，室温放置 10 min，移入 42℃ PCR 仪中，作用 1 h，迅速冰浴 2～5 min。

4. 实时荧光 RT-PCR 扩增体系配制

需要配制的 PCR 反应管数＝待检样品数×3＋阳性管数（3 管）＋阴性管数（3 管）。样品反应体系如表 10-2 所示。

表 10-2　样品反应体系的配制（20 μL）

体系组分		用量/μL	终浓度
PCR 反应液	10 倍缓冲液	2	1×
	dNTPs（2.5 mmol/L）	0.4	0.075 μmol/L
	上游引物	1	0.5 μmol/L
	下游引物	1	0.5 μmol/L
探针溶液	探针 P	1	0.15 μmol/L
反应酶	重组 r*Taq* 酶	0.1	1 μmol/L
水	无 RNase 水	12.5	
模板	cDNA	2	

注：上游引物：5′-TACAGGACAGTCGTCAGTAGTTCGA-3′；
下游引物：5′-CCGCTAGGGTTAAGGTGTGTCT-3′；
探针 P：5′-FAMCCCACCTCGAGATGCTATGTGGACGA-TAMRA-3′，FAM 即羧基荧光素，是探针的发光基团，TAMRA 即 6-羧基四甲基罗丹明，是探针的猝灭基团。

5. 实时荧光 RT-PCR 扩增

将上述配制好的溶液放入荧光定量 PCR 仪中，设置如下扩增条件：预变性 94℃ 5 min，94℃ 10 s、60℃ 35 s 共 40 个循环。

6. 结果判定

阈值线刚刚超过正常阴性样品扩增曲线的最高点为准。阴性对照无 Ct 值（每个反应管内的荧光信号达到设定的阈值时所经历的循环数），且无扩增曲线；阳性对照 Ct 值小于 34.0，并出现典型扩增曲线。样品结果判定：无 Ct 值且无典型扩增曲线为阴性；Ct 值小于或等于 34.0 且出现典型扩增曲线为阳性；Ct 值大于 34.0 且出现典型扩增曲线，样本可以重复试验，如果 Ct 值小于或等于 34.0 且出现典型扩增曲线为阳性，否则为阴性。

二、血清学检测方法——竞争 ELISA 法检测猪瘟抗体

1. 样品和试剂准备

采集猪的全血，室温凝集后，3 000 r/min 离心 15 min 收集血清(淡黄色液体，如有红色说明溶血，会对试验结果有影响)，4℃保存备用。

试剂包括：包被好的微量反应板、样品稀释液、阳性对照、阴性对照、酶标抗体、底物溶液和终止液，所有试剂盒组分必须复温到 18～26℃才能使用。

2. 竞争 ELISA 的操作步骤(商品化试剂盒)

(1)依据样品数量选取所需的包被酶标孔数，同时设两个阳性对照孔和两个阴性对照孔。

(2)分别将 50 μL 样品稀释液加入每个检测孔和对照孔中，然后加入 50 μL 被检样品和对照样品，注意所有样品孔和对照孔加样时必须更换吸头。轻轻振荡微量反应板，使得反应孔中溶液混合均匀。

(3)在 18～26℃孵育 2 h 或过夜(孵育 12～18 h)，注意反应孔上应该贴上封口膜或置于湿盒中孵育。

(4)孵育结束后去掉反应孔中液体，反扣吸水纸轻轻拍打，去掉残液，用 250 μL 洗涤液加入反应孔中，洗涤 3 次，每次甩去孔中液体，反扣吸水纸轻轻拍打，去掉残液。

(5)每孔中加入 100 μL 酶标抗体，用封条或膜封闭后(防止水分蒸发)，18～26℃孵育 30 min。

(6)重复步骤(4)。

(7)每个反应孔中加入 100 μL 底物溶液，避光条件下 18～26℃孵育 10 min，加完第一孔后开始计时。

(8)每个反应孔中加入 100 μL 终止液，加入顺序与底物加入顺序相同。

(9)在 450 nm 处测定样本及对照的吸光度(A)，计算样本和对照的平均吸光度。

3. 结果判定

只有阴性对照的平均 A_{450} 大于 0.500，阳性对照的阻断率大于 50%，检测结果才有效。计算方法如下：

$$阴性对照平均值(\mathrm{NC}\overline{\mathrm{X}}A_{450})=(\mathrm{NC1}A_{450}+\mathrm{NC2}A_{450})/2$$

$$阳性对照平均值(\mathrm{PC}\overline{\mathrm{X}}A_{450})=(\mathrm{PC1}A_{450}+\mathrm{PC2}A_{450})/2$$

$$阻断率=(\mathrm{NC}\overline{\mathrm{X}}A_{450}-样本\ A_{450})/\ \mathrm{NC}\overline{\mathrm{X}}A_{450}\times 100\%$$

式中：NC1A_{450}、NC2A_{450} 为阴性对照的 A_{450} 读值；PC1A_{450}、PC2A_{450} 为阳性对照的 A_{450} 读值。

被检样品阻断率大于或等于 40%，为阳性；小于或等于 30%为阴性；30%～40%之间为可疑，需要重测，如果重测仍然可疑，则需用血清中和试验验证。

复习题与作业

1. 猪瘟病毒的家兔交叉免疫试验的原理是什么？
2. 竞争 ELISA 法如何检测猪瘟抗体？其判断依据是什么？注意事项有哪些？

实验十一　猪繁殖与呼吸综合征的实验室诊断

猪繁殖与呼吸综合征(porcine reproductive and respiratory syndrome, PRRS)能引起感染猪群免疫抑制,其典型临床症状是母猪发生严重的繁殖障碍,各年龄段猪发生呼吸道症状,感染仔猪死亡率高。PRRS是由猪繁殖与呼吸综合征病毒(porcine reproductive and respiratory syndrome virus, PRRSV)引起的,该病毒属于动脉炎病毒科动脉炎病毒属,单股RNA,基因组全长约15 kb;病毒粒子为球形,直径45～83 nm,能通过直径为200 nm的滤膜。PRRSV在低温下能保持其稳定的感染性,－70℃保存4个月感染滴度不受影响,但不耐热,56℃ 45 min即可被彻底灭活。

PRRSV的常用实验室检测方法包括病原学检测和血清学检测两种。病原学检测包括病毒的分离鉴定及反转录-聚合酶链式反应试验(RT-PCR);血清学检测包括血清中和试验、间接免疫荧光试验(IFA)、免疫过氧化物酶单层细胞试验(IPMA)和间接酶联免疫吸附试验(间接ELISA)等。病毒的分离鉴定是检测PRRSV最经典和精确的方法,通过病毒在宿主细胞上引起的特异性病变可以判断病毒是否存在,再根据病毒的理化性质及感染性对病毒进行定量分析。RT-PCR通过检测病毒基因序列进行判断。基于血清学的检测方法是根据抗原抗体反应原理,用已知特异性抗体检测病毒蛋白。

目　　的

学习实验室常用的检测PRRSV的方法,并能利用相关方法检测和诊断猪繁殖与呼吸综合征。

内容及方法

一、病毒的分离鉴定

(一)实验准备

CO_2培养箱、低温冰箱、倒置生物显微镜、透射电镜、恒温水浴箱、离心机及无菌离心管、移液器、剪刀、镊子、组织研磨器、0.22 μm的无菌滤器、毛细管、碳膜铜网、滤纸、96孔板等。DMEM细胞培养液、犊牛血清、双抗、PBS、聚乙二醇6000、2%磷钨酸水溶液(PTA负染液)、

0.1%焦碳酸二乙酯水溶液(DEPC 水)等。

(二)操作方法

1. 病料的采集与处理

尽量无菌采集病死猪或发病猪的脾脏、肺脏、淋巴结及扁桃体等组织,剪碎后加入 5～10 倍体积的无菌 PBS(或生理盐水),用玻璃研磨器将病料充分研磨匀浆,反复冻融 3 次后 2 000 r/min 离心 10 min,取上清后待接种细胞或−80℃冻存备用;若采集的是发病猪的血液,则分离血清后用于后续实验。

2. 病毒的分离纯化

将处理过的病料上清或血清用 0.22 μm 无菌滤器过滤除菌后接种于长成单层的 Marc-145 细胞,37℃吸附 1～2 h 后弃去接种物,加入含 2%血清的 DMEM 细胞维持液,于 37℃继续培养 4～5 天,观察细胞病变,无病变时可以盲传 2 代,直至病变出现。

3. 病毒颗粒的电镜负染观察

收取细胞病变达 80%的细胞培养物,低温冻融 3 次后 4℃ 3 000 r/min 离心 30 min,取上清液备用。上清液加入 10%的聚乙二醇 6000,经摇晃振动后 4℃过夜浓缩,隔日以 5 000 r/min 离心 30 min,取沉淀。用 3～5 滴 PBS 将沉淀物制成悬液,再将悬液 3 000 r/min 离心 10 min。用毛细管吸出上清滴于碳膜铜网上,用滤纸吸干多余液体后,经 2% PTA 负染液负染,干燥后透射电镜观察病毒。

4. 检测病毒感染性

Marc-145 细胞用常规方法消化后以 100 μL/孔的量接种 96 孔板,待细胞长成单层后接毒。病毒液以 10^{-1}～10^{-8}系列倍比稀释,分别加入细胞孔中,每个稀释度做 11 个平行孔,同时做一个正常细胞对照,细胞板置于细胞培养箱中培养,逐日观察细胞病变并做好记录,按 Reed-Muench 方法计算 $TCID_{50}$。

二、RT-PCR 检测病原

1. 病毒 RNA 的提取

(1)用移液器吸取处理过的病料上清或血清 200 μL,置于 1.5 mL Eppendorf 管中,再加入 750 μL TRIzol,盖上盖子,颠倒混匀,室温放置 10 min。

(2)每管加入 200 μL 氯仿,剧烈振荡,室温静置 5 min。

(3)4℃ 12 000 r/min 离心 15 min,将上层水相转移至一个新的 Eppendorf 管中,注意不要吸到下层有机相。

(4)加入等体积的异丙醇,上下颠倒,充分混匀,室温静置 10 min。

(5)4℃ 12 000 r/min 离心 15 min,弃上清,用 70%乙醇洗涤沉淀,4℃ 12 000 r/min 离心 5 min。轻轻倒掉乙醇,用枪头吸尽残液,彻底晾干后加入适量 DEPC 水溶解沉淀,提取的病毒 RNA 可直接用于 RT-PCR。

2. 反转录合成病毒 cDNA

反转录及 PCR 参照 TAKARA PrimeScript™ RT-PCR Kit 使用说明进行。

(1)按表 11-1 配制反应混合物。

表 11-1　反应混合物的配制

试剂	使用量
模板 RNA	100 pg～1 μg(最多加至 8 μg)
dNTPs(10 mmol/L)	1 μL
多聚胸腺嘧啶引物(2.5 μmol/L)或者随机引物(20 μmol/L)	1 μL
无 RNA 酶超纯水	约 10 μL

(2)在 PCR 仪上进行变性、退火反应。

65℃ 5 min。

(3)在上述反应管中配制下列反转录反应液(表 11-2)。

表 11-2　反转录反应液的配制

试剂	使用量/μL
上述变性、退火后反应液	10
5×PrimeScript™缓冲液	4
RNA 酶抑制剂(40 U/μL)	0.5
反转录酶	0.5
无 RNA 酶超纯水	5
总体积	20

(4)在 PCR 仪上按下列条件进行反转录反应。

42℃　15～30 min

95℃　5 min

4℃　保温

3. PCR

(1)按表 11-3 配制 PCR 反应液。

表 11-3　PCR 反应液的配制

试剂	使用量/μL
10×PCR 缓冲液Ⅱ	5
dNTPs(10 mmol/L)	2
上游引物	0.5
下游引物	0.5
DNA 聚合酶(5 U/μL)	0.5
上述的反转录反应物	≤5
H_2O	加至 50

(2)按下面的反应条件进行反应。

94℃	30 s	30 个循环
55～65℃	30 s	
72℃	1 min	

三、血清学检测

(一)血清中和试验

(1)将已知 $TCID_{50}$的病毒液稀释成 200$TCID_{50}$的病毒悬液。

(2)待检血清预先 56℃灭活 30 min,然后将待检血清在 96 孔细胞板中作连续 2 倍倍比稀释(1∶2,1∶4,1∶8,…,1∶256),每个稀释度重复 4 个孔,每孔加 50 μL。

(3)在上述各孔中加入(1)中稀释好的病毒液 50 μL,同时设立病毒对照孔,阴、阳性血清对照孔,以及正常细胞对照孔。每孔中液体充分混匀后,置于 37℃培养箱作用 1 h。

(4)Marc-145 细胞按常规方法消化制成悬液后加入上述作用后的细胞板内,每孔加 100 μL,混合后置于 37℃培养箱培养并逐日观察细胞病变,第 7 天判定结果。按 Reed-Muench 方法计算 50%血清中和终点,待检血清能抑制 50%细胞出现病变的最高稀释度即为该血清中和抗体的效价。

(二)间接免疫荧光试验(IFA)

(1)将 Marc-145 细胞按常规方法消化后接种 96 孔细胞板,至细胞长成单层后以 100$TCID_{50}$接毒,同时设阴性对照。细胞板置于 CO_2 培养箱中培养并逐日观察。

(2)待细胞出现轻微病变后取出,PBS 洗细胞 3 次,用固定液(甲醇∶丙酮＝1∶1)于－20℃固定细胞 20 min,弃掉固定液并吹干细胞板,再用 PBS 洗细胞 3 次。

(3)在细胞孔中加入 100 μL 稀释好的待检血清,同时设立阴、阳性对照,37℃作用 1 h,甩干,PBS 洗涤 3 次,拍干。

(4)加入稀释好的异硫氰酸荧光素(FITC)标记的二抗 100 μL,37℃作用 1 h,甩干,PBS 洗涤 3 次,拍干。

(5)在荧光显微镜下观察结果,在阴、阳性对照均成立的前提下记录实验结果。

(三)免疫过氧化物酶单层细胞试验(IPMA)

(1)将 Marc-145 细胞按常规方法消化后接种 96 孔细胞板,至细胞长成单层后以 100$TCID_{50}$接毒,同时设阴性对照。细胞板置于 CO_2 培养箱中培养并逐日观察。

(2)待细胞出现轻微病变后取出,PBS 洗细胞 3 次,用固定液(甲醇∶丙酮＝1∶1)于－20℃固定细胞 20 min,弃掉固定液并吹干细胞板,再用 PBS 洗细胞 3 次。

(3)在细胞孔中加入 100 μL 稀释好的待检血清,同时设立阴、阳性对照,37℃作用 1 h,甩干,PBS 洗涤 3 次,拍干。

(4)加入稀释好的辣根过氧化物酶(HRP)标记的二抗 100 μL,37℃作用 1 h,PBS 洗涤 3 次,拍干。

(5)加入 3-氨基-9-乙基咪唑(AEC)反应液显色。光学显微镜下判定结果。

(四)酶联免疫吸附试验(ELISA)

此处仅介绍间接 ELISA 法检测抗体。

(1)PRRSV 灭活后包被微孔板。

(2)待检血清 50 倍稀释后加入板孔中，每孔 100 μL。同时设阴、阳性血清对照和空白对照。37℃孵育 30 min，甩掉板孔中溶液，用含 0.5%吐温-20 的 PBS(PBST)洗板 3 次，拍干。

(3)加入稀释好的 HRP 标记的二抗 100 μL，37℃作用 30 min，洗涤 3 次，拍干。

(4)预混显色底物 A 液和 B 液，并加 100 μL 至每孔中，室温避光显色 5～10 min，加入终止液 50 μL，10 min 内测定结果。

(5)试验成立的条件是阳性对照孔平均 OD_{450} 值大于或等于 0.4，阴性对照孔平均 OD_{450} 值小于 0.2。待检血清 OD_{450} 值若大于 0.4，则判为阳性；若小于 0.2，则判为阴性；介于两者之间的，判为可疑。

复习题与作业

1. 试述可以诊断猪繁殖与呼吸综合征的方法。
2. 猪繁殖与呼吸综合征血清抗体的监测有何意义？

实验十二　猪流行性腹泻的实验室诊断

猪流行性腹泻(porcine epidemic diarrhoea,PED)是由猪流行性腹泻病毒(porcine epidemic diarrhoea virus,PEDV)引起的一种危害3～10日龄仔猪的传染病,发病猪表现为水样腹泻、呕吐、脱水直至死亡,发病后死亡率达80%～100%。该病通常与猪传染性胃肠炎、猪轮状病毒交叉感染。中国农业行业标准《猪流行性腹泻诊断技术》(NY/T 544—2015)中用直接免疫荧光法检测抗原、间接ELISA方法检测抗体。鉴于近几年临床大量暴发猪流行性腹泻病毒感染,给养猪业带来大量损失,研究人员投入大量人力和物力,开发出来许多快速诊断该病的方法,其中包括:检测病原的方法:病毒的分离鉴定、病毒核酸分子生物学检测方法;检测抗体的血清学检测方法。

目　的

学习实验室常用的检测猪流行性腹泻的方法,并能利用相关方法检测和诊断猪流行性腹泻。

内容及方法

一、病原学检测方法

1. 样品的处理

PEDV感染猪后,主要侵害猪的肠绒毛和肠系膜淋巴结,常随粪便排出,所以病猪的粪便或肛拭子是较好的检测样品,发病或死亡猪的小肠病变组织也是较好的病料。采集好的病料低温储存,及时送交实验室进行检测。

收集病料按照体积比(1∶5)添加PBS,混合均匀后,组织匀浆器匀浆充分,800 r/min离心5 min,取上清去沉淀,上清则−20℃保存备用。

2. 病毒的分离鉴定

上述处理好的样品,经0.22 μm过滤器过滤后,每一个长满单层Vero细胞的30 mm玻片接种样品滤液200 μL。同时添加20 μg/mL的胰酶辅助病毒复制,添加500 IU/mL青霉素和500 μg/mL链霉素抑制细菌生长。37℃ 5% CO_2 培养3天,每天观察细胞病变。如果出现细胞表面粗糙、颗粒增多,有多核细胞(7～8个核甚至更多),并可见空斑样小区、细胞逐渐脱落,判定为阳性(图12-1)。

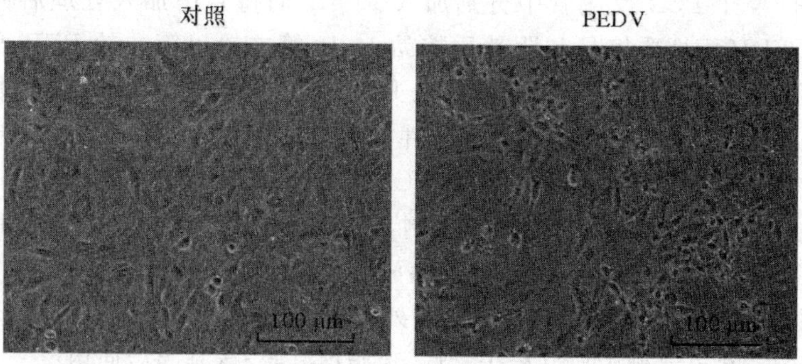

图 12-1　PEDV 感染 Vero 细胞的 CPE

3. 巢式 RT-PCR 检测方法

1)病毒 RNA 的提取　取 1 中的上清 100 μL 于 1.5 mL 的 Eppendorf 管中，加入 800 μL TRIzol 充分振荡，静置 10 min，4℃ 12 000 r/min 离心 10 min；吸取上清液至新的 Eppendorf 管；加入等体积氯仿，反复颠倒混匀后，室温静置 5 min，4℃ 12 000 r/min 离心 15 min；吸取上清液至新的 Eppendorf 管；加入等体积异丙醇，反复颠倒混匀后，室温静置 30 min，4℃ 12 000 r/min 离心15 min；去上清，加入 70%酒精，12 000 r/min 离心 5 min，弃去上清，重复 2 次，风干后，加入30 μL无 RNase 水，－20℃储存备用。

2)cDNA 合成　吸取 1 μL 上述 RNA 至 PCR 管中，加入 1 μL 50 pmol/L 的下游引物或随机引物，4 μL 5×缓冲液、2 μL dNTPs、1 μL RNase 抑制剂、10 μL 反转录酶(AMV)、无 RNase 的三蒸水添加至 20 μL，轻轻混合均匀，室温放置 10 min，移入 42℃ PCR 仪中，作用 1 h，迅速冰浴 2～5 min。

P_{out}上游引物：5′-GCATAAGCAACAGCAGAAGCCTAA-3′

P_{out}下游引物：5′-GCCGTRTCACCACCATCAACAG-3′　　563 bp

P_{in}上游引物：5′-GATTGTATGGCGGGAGGAGT-3′

P_{in}下游引物：5′-ATTGACGACTTTGTTCCCCC-3′　　225 bp

3)PCR 扩增　从试剂盒中取出 PCR MIX、引物、阳性对照和水放在室温环境化开并振荡混匀后，10 000 r/min 离心 10 s。需要的 PCR 反应管数为 N(N＝样本数＋阴性对照 1 管＋阳性对照 1 管)，每个样本反应体系的配制如表 12-1 所示。

表 12-1　样本反应体系的配制

体系组分	用量/μL
PCR MIX	10
P_{out}上游引物(第一轮)/P_{in}上游引物(第二轮)	0.5
P_{out}下游引物(第一轮)/P_{in}下游引物(第二轮)	0.5
模板	1
水	8
总计	20

计算好各试剂的使用量，加入一适当体积的洁净离心管中，充分混匀，10 000 r/min 离心

10 s，向所需要的 N 个 PCR 反应管中分别加入 19 μL，向每管中加入处理后样品（所获得的 DNA 样品）或 PEDV 阳性质控品和阴性质控品 1 μL，第二轮以第一轮 PCR 产物作为目标，10 000 r/min 瞬时离心 30 s。将各反应管放入 PCR 仪器的反应槽内，按对应顺序设置阴性质控品、阳性质控品以及待检标本，按照下列条件扩增。循环条件：94℃ 5 min，接着按照（94℃ 30 s，60℃ 30 s，72℃ 30 s）设置 30 个循环，72℃ 10 min，4℃ 10 min。

4）凝胶电泳检测　1.5％琼脂糖凝胶配制：稀释 50×TAE 至 1×TAE（取 20 mL 50×TAE，加 980 mL 双蒸水至 1 L），称 3 g 琼脂糖放于 500 mL 锥形瓶中，加入 1×TAE 200 mL，置于微波炉中加热熔解（避免加热沸腾溶液外溢），再加入 20 μL Goldview™ 核酸染色剂（100×）充分混匀。在电泳槽内放好梳子，倒入琼脂糖凝胶，待凝固后使用。

电泳检测：取 PCR 扩增产物 6 μL，用加样枪点样于琼脂糖凝胶孔中，以 5 V/cm 在 1×TAE 中电泳，紫外灯下观察结果。

5）结果判定　在紫外灯下，如果阴性质控品无任务目的条带（225 bp）出现（引物带除外），而 PEDV 阳性质控品泳道有 225 bp 特异的扩增带时（图 12-2），试验结果成立。观察被检样品泳道，如果出现 225 bp 扩增带为 PEDV 病毒核酸阳性，否则为阴性。

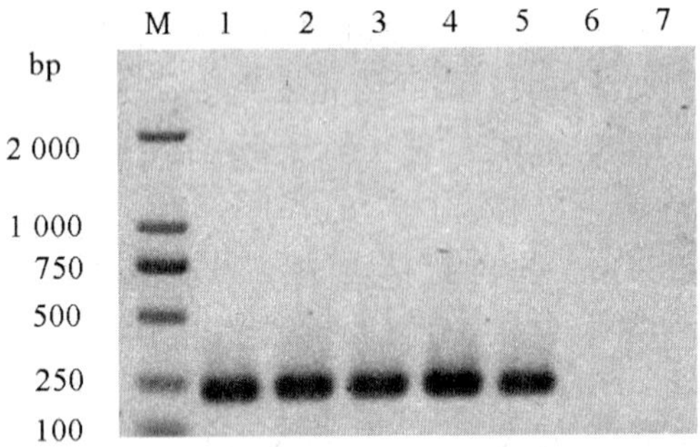

图 12-2　巢式 PCR 检测 PEDV 病毒核酸示意图

M 为 DNA 分子量 Marker，1～4 临床阳性样品，5 为阳性质粒对照，6 为阴性对照，7 为空白对照

二、PEDV 抗体检测方法

1. 样品收集和处理

临床采集猪全血，室温凝集后，3 000 r/min 离心 15 min 收集血清（淡黄色液体，如有红色说明溶血，会对试验结果有影响），4℃保存备用。用于猪血清中抗 PEDV 的 IgG 的检测。

乳汁或粪便样品，加入等体积的 PBS(pH 7.4)，10 000 r/min 离心 15 min，去沉淀留上清，4℃保存备用。用于样品中 sIgA 的检测。

2. 间接 ELISA 的操作步骤

（1）PEDV 抗原（N 蛋白原核表达纯化产物）4℃包被 24 h 或 37℃包被 2 h。

（2）依据样品数量选取所需的包被酶标孔数，设两个阳性对照孔和两个阴性对照孔。

（3）分别将 50 μL 样品稀释液加入每个检测孔和对照孔中，然后加入 50 μL 被检样品和对照样品，注意所有样品孔和对照孔加样时必须更换吸头。轻轻振荡微量反应板，使得反应孔中溶液混合均匀。

（4）在 18～26℃孵育 2 h 或过夜（孵育 12～18 h），注意反应孔上应该贴上封口膜或置于湿盒中孵育。

(5)孵育结束后去掉反应孔中液体，反扣吸水纸轻轻拍打，去掉残液，用 250 μL 洗涤液加入反应孔中，洗涤 3 次，每次甩去孔中液体，反扣吸水纸轻轻拍打，去掉残液。

(6)每孔中加入 100 μL 酶标抗体(HRP 标记的羊抗猪 IgG 或 IgA)，用封条或膜封闭后 18～26℃孵育 30 min。

(7)重复步骤(5)。

(8)每个反应孔中加入 100 μL 底物溶液，避光条件下 18～26℃孵育 10 min，加完第一孔后开始计时。

(9)每个反应孔中加入 100 μL 终止液，加入顺序与底物加入顺序相同。

(10)在 450 nm 处测定样本及对照的吸光度，计算样本和对照的平均吸光度。

3. 结果判定

如果阳性样本 OD 值大于 0.6，阴性样本小于 0.1，试验结果成立。样本中 OD 大于 0.2 为阳性，大于 0.6 为强阳性，小于 0.1 为阴性，大于 0.1 且小于 0.2 为可疑。

复习题与作业

1. PEDV 的 CPE 特征有哪些？感染肠道的哪些部位？

2. PEDV、传染性胃肠炎病毒、轮状病毒的鉴别诊断方法有哪些？如何进行？

实验十三　猪传染性胸膜肺炎的病原学诊断

猪传染性胸膜肺炎是由胸膜肺炎放线杆菌感染引起的，以急性出血性和慢性纤维素性坏死性胸膜肺炎病变为特征的一种严重的呼吸系统传染病。中国出入境检验检疫行业标准《猪传染性胸膜肺炎检疫技术规范》(SN/T 1447—2011)规定了猪传染性胸膜肺炎的检疫、诊断、流行病学调查和免疫监测方案。目前实验室最常见的检测病原的方法是直接镜检、细菌的分离鉴定、巢式 PCR 法。

目　　的

学习实验室常用的检测猪传染性胸膜肺炎的方法，并能利用相关方法检测和诊断猪传染性胸膜肺炎。

内容及方法

一、样品的采集和处理

无菌采取病死猪的肺脏病变组织块或急性死亡猪的心血、胸水以及鼻腔血色分泌物，无菌试管低温保存，送达实验室进行检测。

二、显微镜直接观察法

1. 组织涂片的制备

组织病料或培养物在生物安全柜内涂抹到载玻片上，并做好标记，然后在酒精灯火焰上方 30～40 cm 处干燥，然后在火焰上来回烤 3～4 次进行固定。

2. 染色(革兰氏染色)

在已固定好的载玻片上，滴加结晶紫染色液，染色 1 min，流水冲洗，甩干；滴加碘液，媒染 1 min，流水冲洗，甩干；滴加 95%乙醇脱色 15～30 s，流水冲洗，甩干；滴加沙黄复红染液，染色 10～20 s，流水冲洗，甩干、风干或滤纸吸干后在显微镜下用油浸镜头观察细菌形态和染色特征。胸膜肺炎放线杆菌革兰氏染色为阴性，显微镜下观察为两极着色略深的小球杆菌或纤细杆菌。

三、细菌分离培养与鉴定

1. 培养基的制备

加入生长因子和灭活马血清的牛心浸汁琼脂培养基：以牛心浸汁为基础，加入大豆蛋白胨1%、肺蛋白胨0.5%、胰蛋白胨0.5%、氯化钠0.5%、葡萄糖0.1%、琼脂粉1.3%，pH 7.0～7.2，121℃高压灭菌15 min。在倾倒平板前，加入56℃ 30 min灭活的马血清达10%、烟酰胺腺嘌呤二核苷酸(NAD)(生长因子)100 μg/mL。每个平板(100 mm)倾倒8～10 mL，待冷却凝固后4℃保存备用。

巧克力琼脂配制方法(1 000 mL)：牛肉浸出液1 L，蛋白胨10 g，氯化钠5 g，琼脂15 g、无菌脱纤马血、羊血或兔血100 mL，pH 7.2～7.4。前四项成分混合，加热熔化，高压灭菌(121℃ 15 min)后，在80～90℃以无菌方法加入血液，摇匀后置90℃水浴中。维持该温度15 min，使之呈巧克力色取出，室温冷至约50℃，倾倒平板。凝固后，抽样置于35℃培养18～24 h，如无细菌生长，冷藏备用。

2. 细菌培养

组织病料直接涂抹到培养基上，在NAD和马血清的牛心浸汁培养基上，37℃ 5%～10% CO_2 培养17～24 h，然后观察培养结果。在实体显微镜下，45℃折光观察菌落，菌落形态为：黏液型蜡样菌落，圆整，中央隆起，闪光不透明，呈鲜明的金红色，直径1～2 mm，呈β溶血。继代培养用巧克力琼脂。

在不加NAD和马血清的牛心浸汁培养基上，待检物接种表面，用金黄色葡萄球菌作交叉划线，靠近金黄色葡萄球菌(ATCC25923)菌苔的菌落较大，随着与葡萄球菌生长线的距离增加而变小或不生长，即所谓"卫星现象"或NAD生长依赖。

3. 生化试验

糖发酵和尿素酶采用商品化试剂，在接种培养物前在糖发酵管中加入NAD 100 μg/mL，在尿素琼脂斜面上涂一层1% NAD溶液。37℃培养4～6 h初步判断结果，24 h再复判。该菌对葡萄糖、麦芽糖、蔗糖和果糖发酵产酸，不分解棉子糖和阿拉伯糖，尿素酶试验呈粉红色为阳性。

4. 腺苷-3′,5′-环化一磷酸(cAMP)试验

在不加NAD和马血清的牛心浸汁培养基基础上，加入5%的脱纤绵羊红细胞，制备成血液平板，用金黄色葡萄球菌(ATCC25923)在培养基中间划一条直线接种线，然后在线的两侧距离线5 mm处接种待检培养物，37℃过夜培养。金黄色葡萄球菌生长线溶血区与待检生长物相邻接处出现一个三角形加重的透明溶血区，即为cAMP试验阳性。

5. 结果判定

革兰氏染色阴性，NAD生长依赖或卫星生长现象阳性，尿素酶试验和cAMP试验阳性，β溶血，能分解葡萄糖、麦芽糖、蔗糖和果糖而不分解棉子糖和阿拉伯糖；这些结果都成立可以判定为胸膜肺炎放线杆菌。

四、巢式 PCR 法

1. 样品处理

菌株：挑取可疑菌落于 pH 7.2，0.01 mol/L PBS 中，制成约 10^8 个/mL 菌悬液（液体稍浑浊），再用 PBS 进行 10 倍、100 倍稀释。原液、10 倍和 100 倍稀释液均作为巢式 PCR 扩增的模板。

组织样品及鼻拭子：取组织 0.5～1 g 剪碎，加入 1 mL PBS 缓冲液，匀浆。鼻拭子在 1 mL PBS 缓冲液中反复挤压。分别将挤下的液体和组织匀浆液 100 r/min 离心 5 min，弃沉淀。上清液 10 000 r/min 离心 5 min，弃上清液。沉淀加入 50 μL PBS 和 1 μL 灭菌吐温-20，－20℃冷冻 15 min，取出立即置 100℃水浴中煮沸 5 min，重复冻融、煮沸两次。10 000 r/min 离心 5 min，留上清液，取部分上清液进行 10 倍、100 倍稀释。原液、10 倍和 100 倍稀释液均作为巢式 PCR 扩增的模板。

2. 对照

阳性对照：用胸膜肺炎放线杆菌标准菌株 DNA，或已知 APP（猪传染性胸膜肺炎）阳性组织制备的模板。

阴性对照：用林氏放线杆菌菌株 DNA，或已知 APP 阴性组织制备的模板。

空白对照：用等体积的水代替模板。

3. 引物

P1 上游引物（P1F）：5′-CGTAACTCGGTGATTGATGC-3′

P1 下游引物（P1R）：5′-CGTTTGCTCATTCGATAAACG-3′　　363 bp

P2 上游引物（P2F）：5′-GTGCGGGTAATGATACGGTT-3′

P2 下游引物（P2R）：5′-CGGCTAAACCAAAGTTCGGAT-3′　　223 bp

4. 扩增体系

总体积 20 μL，模板，阳性和阴性 DNA 对照各加 1 μL 。各反应成分添加量如表 13-1 所示。

表 13-1　各反应成分添加量

体系组分		用量/μL	终浓度
PCR 反应液	10×缓冲液	2	1×
	dNTPs(2.5 mmol/L)	0.4	0.075 μmol/L
	上游引物	1	0.5 μmol/L
	下游引物	1	0.5 μmol/L
反应酶（r*Taq* 酶）	第一轮	0.2	1 U
	第二轮	0.1	0.5 U
水	无 RNase 水	13.5	
模板	DNA	1	

5. 循环参数

第一轮 PCR 使用引物 P1F/P1R，96℃ 6 min；94℃ 30 s，55℃ 30 s，72℃ 45 s，25 个循环；

72℃ 5 min。

取第一轮 PCR 反应产物 1 μL,用引物 P2F/P2R 进行第二轮 PCR 扩增,94℃ 3 min;94℃ 30 s,55℃ 30 s,72℃ 45 s,35 个循环;72℃ 5 min。

6. 结果判定

取产物 10 μL 与 2 μL 6×加样缓冲液混合,加样于含 EB 的 1.5%琼脂糖凝胶中。在 1× TAE 缓冲液中,3～4 V/cm 电泳约 30 min,当溴酚蓝到达底部时停止电泳,用凝胶成像系统分析。

阳性对照会出现 223 bp 特异的 DNA 片段。阴性和空白对照均没有该核酸带。对照成立才能进行判定。

待测样品原液、10 倍和 100 倍稀释液经巢式 PCR 扩增后:在 223 bp DNA 位置上有核酸带,判为阳性样品。阳性样品 PCR 产物应通过核酸序列测定,并与标准参考序列比对,进行确诊。无核酸带或带的大小不在 223 bp DNA 位置上,判为阴性样品。

复习题与作业

1. 猪传染性胸膜肺炎与猪肺疫、猪气喘病的鉴别诊断要点有哪些?
2. cAMP 试验中金黄色葡萄球菌的作用是什么?为什么能起到这种作用?

实验十四　副猪嗜血杆菌病的病原学诊断

副猪嗜血杆菌(Haemophilus parasuis,HPS)是副猪嗜血杆菌病的病原体,在特定条件下侵入机体而引起猪的以多发性浆膜炎、关节炎和脑膜炎为特征的全身性疾病。副猪嗜血杆菌是一种非溶血性、非运动性、NAD依赖性、革兰氏阴性细小杆菌。随着世界养猪业的发展,副猪嗜血杆菌病已成为全球范围内影响养猪业的一种重要细菌性疾病。目前实验室检测病原的主要方法是直接镜检、细菌的分离鉴定、PCR法等。

目　　的

掌握副猪嗜血杆菌的分离鉴定和血清分型方法。

内容及方法

一、实验准备

TSA(大豆酪蛋白琼脂培养基),NAD(烟酰胺腺嘌呤二核苷酸),犊牛血清,生化反应管,副猪嗜血杆菌的分型血清。

TSA培养基的配制:准确称取TSA 40 g溶于一定量的蒸馏水中,搅拌至完全溶解后定容至1 000 mL,115℃高压蒸汽灭菌30 min,室温冷却至45℃,加入犊牛血清(50 mL)与适量的2.5% NAD(400 μL)(10 mg),充分摇匀后分倒平板。

二、操作方法

(一)病料的采集与镜检

可无菌采集发病猪的心、肝、脾、肺、肾、气管、支气管、关节液、鼻液、心包液、胸腹腔积液、脑脊液等。

用注射器抽取心包、关节、腹腔等处的积液,放入灭菌的试管或小瓶中送实验室检测,或采取灭菌的鼻拭子用25%的甘油缓冲盐水保存。由于副猪嗜血杆菌较为娇嫩,存活时间极短,所以病料采集后应尽快送实验室分离培养检测。

采取肺炎区,心包腔、胸腔、关节腔渗出物,肝脏、脾脏等触片,革兰氏染色镜检。可见革兰氏阴性细小杆菌。菌体形态多样,以纤细杆状者居多,有长而弯曲丝状菌体,个别呈两极浓染的球杆状。所查组织中，以心包腔和关节腔渗出物中细菌最为密集。

(二)分离培养与鉴定

1. 分离培养

以无菌棉签拭取心包腔和关节腔渗出物，分别接种于 TSA 培养基，于 37℃ 5% CO_2 培养 24～48 h，观察结果。

内脏无菌剪开，取深层组织涂板培养或用接种环蘸取细支气管中的黏液划线于 TSA 平板上。置 37℃ 5% CO_2 培养箱内，培养 24～48 h。挑选长出的灰白或透明、光滑、呈露珠样的单个菌落，再划线接种于 TSA 平板增菌培养，置 37℃ 5% CO_2 培养箱内，经 24～48 h 纯化增菌培养后，观察细菌生长情况。

2. 病原鉴定

1)镜检观察　按革兰氏染色步骤进行。取可疑菌落涂片，固定。滴加结晶紫染色液，染色 1 min，流水冲洗，甩干；滴加碘液，再染 1 min，流水冲洗，甩干；滴加 95%乙醇脱色约 30 s，流水冲洗，甩干；滴加沙黄复红染液，染色 30 s，洗涤，滤纸吸干后在显微镜下观察细菌形态特征。镜检可见革兰氏阴性细小短杆或形状不规则菌时，可怀疑为 HPS，再进行其他特性鉴定。

2)生化试验及判定　将过滤除菌的 NAD(1 μg/mL)无菌加入到生化反应管内，分别挑取 HPS 单菌落穿刺接种，各接种 3 管，烧熔封口，放入 5% CO_2 培养箱中 37℃培养 24 h 后观察。副猪嗜血杆菌常见的生化结果如表 14-1 所示。

表 14-1　副猪嗜血杆菌生化特性

项目	结果	项目	结果
H_2S	－	木糖	－
硝酸盐	－	氧化酶	－
蔗糖	＋	*D*-甘露醇	－
果糖	＋	吲哚	－
葡萄糖	＋	NAD	＋
尿素酶	－	溶血	－

注：“－”为阴性；“＋”为阳性。

副猪嗜血杆菌乳糖、甘露糖和麦芽糖的生化反应不稳定。

(三)血清型鉴定

HPS 的血清型较多，目前主要采用琼脂扩散试验分型，至少可将其分为 15 个血清型，另有 20%以上的分离株不能分型。

1. 分型抗原的制备

将待检副猪嗜血杆菌接种于 TSA 固体培养基，37℃培养 24 h，用 pH 7.4 PBS 洗下菌苔，7 000 r/min 离心 2 min，弃上清，估测细菌沉淀的体积，加入菌体体积 9 倍的 pH 7.4 PBS，混匀，121℃高压蒸汽处理 2 h，7 000 r/min 离心 10 min，取上清即为用于琼脂扩散试验的分型抗原。

2. 琼脂平板制备

琼脂糖 1 g，溶于 100 mL pH 7.4 PBS 中，微波炉中加热溶解。倒平板 3～4 mm 厚，4℃

保存。用打孔器在平板上打孔，孔径 3 mm，孔间距 4 mm，封底。

3. 分型试验

中央孔加待检菌株的琼扩抗原，周围孔加入各型标准阳性血清和阴性血清，观察结果。

（四）致病性鉴定

在无菌操作台将分离纯化的 HPS 制成细菌悬液，于腹部皮下接种成年健康小鼠 0.5 mL（2.0×10^9 个/mL），观察情况。对在 24～48 h 死亡的小鼠，取心血接种 TSA 培养基，分离鉴定是否与攻毒菌一致。

动物回归实验：无菌操作将纯化的病原菌制成悬液，滴鼻接种 5 kg 的健康仔猪，每鼻孔 2 mL，可观察到仔猪精神不振，反应迟钝，呼吸困难，关节肿，跛行或不愿站立，体表皮肤发白，被毛浓密粗乱等症状。

（五）细菌的 16S rRNA 鉴定

1. 引物设计

可根据 GenBank 公布的 HPS 的 16S rRNA 基因序列设计特异性引物，例如可参考引物如下：

上游引物：5′-GTGATGAGGAAGGGTGGTGT-3′

下游引物：5′-GGCTTCGTCACCCTCTGT-3′　　822 bp

2. PCR 鉴定

可参照常规的 PCR 体系加样，以培养的菌液 2 μL 为模板。反应参数：94℃ 5 min；94℃ 30 s，55℃ 30 s，72℃ 45 s，共 30 个循环；72℃ 10 min。反应结束后，以 1%的琼脂糖凝胶电泳检测。

复习题与作业

1. 简述副猪嗜血杆菌的分离步骤。
2. 副猪嗜血杆菌如何进行血清型鉴定？

实验十五　牛病毒性腹泻/黏膜病的实验室诊断

牛病毒性腹泻是由牛病毒性腹泻病毒(BVDV)引起的牛的一种接触性传染病，也称黏膜病(mucosal disease,MD)。该病以黏膜发炎、糜烂、坏死和腹泻为特征。本病的实验室诊断主要依靠病毒的分离鉴定和血清学诊断。但有些动物虽已感染牛病毒性腹泻/黏膜病病毒(BVDV/MDV)，但不产生抗体，这是因为患病动物无免疫活性，所以分离病毒显得更重要。本病的血清学诊断有中和试验、免疫琼脂扩散试验、补体结合试验、荧光抗体检查等。但目前应用最多、最广的是中和试验和免疫琼脂扩散试验，前者准确性高、重复性好，并逐渐以微量法替代全量法(试管法)，同样是可靠的诊断方法，现被国家列为常规检疫方法。

目　　的

掌握牛病毒性腹泻/黏膜病的实验室诊断方法。

内容及方法

一、病毒的分离和鉴定

(一)实验准备

灭菌生理盐水、青霉素、链霉素、牛睾丸细胞、犊牛肾细胞、牛鼻甲骨细胞、9～10 日龄鸡胚、7～9 日龄鸡胚、MEM 培养基、犊牛血清、加样器、细胞培养板、光学显微镜等。

(二)操作方法

1.病料的采集

在病毒血症期间，采集有病变的组织、血液、尿液及眼鼻分泌物；在尸体剖检时，取脾脏、骨髓或肠系膜淋巴结。全血凝块是分离 BVDV/MDV 较理想的材料，一次采血，既可分离血清，检查其抗体，血凝块又可用于分离病毒。

2.分离培养

将病料按 1∶2加入灭菌生理盐水研磨碎，并经反复冻融后加入青霉素 1 000 U/mL、链霉素 1 mg/mL，以 3 000 r/min 离心 20 min，取上清液用于病毒分离。也可以将病料制成 1∶10

悬浮液，经 1 000～2 000 r/min 离心 20～30 min，取上清液，每毫升加入青霉素、链霉素各 1 000 U，置 4℃冰箱或 23℃中 1～2 h，经无菌检查后备用。取上述处理的病料上清液接种于牛睾丸细胞、犊牛肾细胞、牛鼻甲骨细胞等，接种后 72 h 观察细胞病变(CPE)。不同毒株所产生的 CPE 各不相同，典型的 CPE 见细胞变圆，细胞间距增大，胞浆内出现大小不等、边缘整齐的空泡，细胞逐渐脱落，并出现细长或网状的胞质性突起物，核变致密，核位置靠边，最后细胞完全脱离瓶壁，出现空斑。在对不产生 CPE 的毒株分离时，可用新城疫病毒激发，使之在细胞培养中产生 CPE，即所谓新城疫病毒强化试验。也可以取上述病料悬浮液分别接种于 9～10 日龄鸡胚绒毛尿囊膜和 7～9 日龄鸡胚卵黄囊内，每胚接种 0.1～0.2 mL，接种后置 37℃培养 3～5 天观察结果。有些毒株可在鸡胚绒毛尿囊膜上生长，并在绒毛尿囊膜上形成痘斑；有些毒株可在鸡胚卵黄囊中生长繁殖。

3.病原鉴定

用新鲜病料制作的超薄切片或细胞培养物用负染法，在电子显微镜下观察病毒颗粒的形态，也可以用铬投影的电子显微镜照相测量病毒的大小和形态。BVDV/MDV 颗粒呈球形，直径 35～55 nm，有囊膜(无突起)和一个直径 24～30 nm 的病毒髓核。病毒在犊牛肾细胞培养中有三种大小不一的颗粒状实体，最大的一类直径 80～100 nm，有囊膜，多形性；其次大小为 30～35 nm；还有一类直径只有 15～20 nm。病毒颗粒存在于细胞浆、空泡和扩张的内质网池内，形态规整，有囊膜。

二、BVDV/MDV 血清中和试验

本试验适用于牛、羊的病毒性腹泻/黏膜病的检测。

(一)实验准备

1)细胞制备　本试验所用细胞为犊牛原代或传代肾细胞(不超过五代)，按常规胰酶消化方法制备，分装在链霉素瓶中培养。当细胞形成单层，形状正常者方可供使用。使用前先用 pH 7.1～7.2 的 Hank's 液洗 1～2 次，加入细胞维持液(含 3%犊牛血清的乳欧液或 EMEM)，每毫升加青霉素 100 U 和链霉素 100 μg。

2)抗原　为 BVD/MD Oregon 冻干抗原，按说明书操作。用乳欧液或 EMEM 稀释成每 0.1 mL 含 100$TCID_{50}$的工作抗原，然后将工作抗原再作 10^{-1}、10^{-2}、10^{-3}递增稀释。

3)标准阳性、阴性血清　在自然发病动物中收集阳性反应滴度高而无非特异性的血清。或用标准病毒制备，即将标准病毒静脉注射青年公牛，间隔 3 周，共注 4 次，每次适量(30 mL)，末次注射 2 周后采集血清，此时抗体浓度常可高达 1∶8 000 多。阴性血清要证明无黏膜病抗体。

4)被检血清　以无菌采血并分离血清，置普通冰箱保存。试验前与阳性、阴性对照血清一起置 56℃水浴灭活 30 min。

(二)操作方法

(1)取经灭活的被检血清，阳性和阴性对照血清各 0.1 mL 分别置于灭菌小试管中。然后加入等量的工作抗原，将血清与抗原混合均匀，置 37℃温箱中和 1 h，其间轻轻振摇数次。

(2)取出血清-抗原混合物，每份样品接种细胞 4 瓶，每瓶 0.2 mL。

(3)每份被检血清同时接种细胞 2 瓶，每瓶 0.1 mL，分别做血清毒性试验。

(4)将工作抗原原液，10^{-1}、10^{-2}、10^{-3}稀释液，分别接种细胞 4 瓶，每瓶 0.1 mL，做工作抗原含量回归试验。

以上(2)、(3)、(4)三项各样品加好后，置 37℃吸附 2 h。

(5)加细胞维持液，(2)项中各样品，每瓶加 0.8 mL，(3)、(4)项中各样品加 0.9 mL。

(6)取 4 瓶细胞换成维持液，做细胞健康对照。

(三)结果判定

在培养 6 h 内，当各项对照完全符合设计要求，即病毒抗原使用含量在 50～500$TCID_{50}$范围内，阴性对照血清全部出现细胞病变，阳性对照血清无细胞病变，被检血清无细胞毒性，对照细胞正常时，判读结果。其标准是，被检血清不经稀释能中和 50%或 50%以上细胞培养物不出现细胞病变者判为阳性。

(四)注意事项

(1)牛病毒性腹泻/黏膜病引起的典型细胞病变是细胞核固缩，胞浆中规律地形成大大小小空泡，空泡直径有些大于细胞直径的 1～2 倍及以上，一般情况下多见细胞碎裂、崩解。

(2)为确定动物是否近期感染，可采用血清配对试验方法，即第一次采血间隔 21 天进行第二次采血。测定两次血清样品的抗体滴度，若第二次样品的抗体滴度高于第一次样品的 4 倍以上即判为阳性。

三、免疫琼脂扩散试验

本试验可以检验牛病毒性腹泻/黏膜病抗体，也可以检测其抗原(可检测各种含毒组织内的抗原)。

(一)实验准备

1. 抗原制备和标化

制备的抗原所用种毒为 Oregon C_{24}V 弱毒株，将种毒(10^4 $TCID_{50}$)按培养液 10%的量接种于细胞单层(牛肾细胞或牛鼻甲骨细胞)，在 37℃吸附 1 h 加维持液继续培养，当 70%～90%的细胞呈现病变时，将细胞刮下、收集，反复冻融 3 次。

低温 10 000 r/min 离心 30 min。上清液为可溶性细胞外抗原。沉下的细胞用适量上清液重悬，以超声波处理 1 min 再离心，上清液即为可溶性细胞内抗原，将两种抗原合并，10 000 r/min 离心 30 min，上清液用超滤器(滤膜截留相对分子质量为80 000) 浓缩至原容量的 1%左右。

将浓缩的抗原作不同倍数的稀释，在相同条件下对标准阳性血清的各种稀释度进行棋盘扩散，能与标准阳性血清最高稀释度出现清晰沉淀线的抗原浓度即为最适抗原浓度。根据测定结果，将抗原作适当稀释或用聚乙二醇作进一步浓缩，分装小瓶低温保存或冻干保存。

用同样方法处理未接毒的细胞，制备细胞对照抗原。用可溶性抗原与细胞对照抗原与阳性血清及阴性血清做琼脂扩散试验，可溶性抗原与阳性血清出现沉淀线，其他均不出现时，即证明可溶性抗原是特异的。

2. 阳性血清

在自然发病动物中收集阳性反应滴度高而无非特异性的血清。或用标准病毒制备，即将标准病毒静脉注射青年公牛，间隔 3 周，共注 4 次，每次适量(30 mL)，末次注射 2 周后采集血清，此时抗体滴度常可高达 1∶8 000 多。阴性血清要证明无黏膜病抗体。

猪瘟血清与标准抗原可出现沉淀线，与阳性血清和标准抗原出现沉淀线完全融合，所以也可用猪瘟血清替代阳性血清。

3. 琼脂糖平板

取 Tris(三羟甲基氨基甲烷)0.6 g，EDTA(乙二胺四乙酸)0.3 g，NaCl 2.9 g，NaN_3(叠氮钠)0.2 g，加蒸馏水定容至 1 000 mL 制备缓冲液。取琼脂糖 4 g，加上述缓冲液 1 000 mL 加热至 100℃熔化 10 min，分装胶塞试管，4℃保存；试验前熔化后倒入玻璃平板或平皿，厚度 2 mm。凝后打孔，孔径 6 mm，孔距 2 mm，中央 1 个孔，外周 6 个孔（打孔后需以琼脂补底）。

(二)操作方法

1. 用已知抗原检测动物血清

以微量移液器加样，中央孔加入抗原，周围每隔两孔加阳性血清，其余各孔加被检血清，每孔加入量为 50 μL；也可用其他玻管加样，以每孔恰好加满为宜。置 30℃水浴箱或室温，让其扩散。

2. 用已知阳性血清检查含毒组织

在中央孔滴加阳性血清，周围孔每隔两孔滴加已知抗原，其余孔滴加被检含毒组织浸出液。

(三)结果判定

扩散后每隔 12 h 判定一次，48 h 作最后判定，其标准如下：

被检血清与抗原之间出现明显的沉淀线，而且与阳性血清的沉淀线完全融合，判为阳性；阳性血清的沉淀线向被检血清孔偏移，但不能在被检血清与抗原之间形成完整的沉淀线或沉淀线很微弱者，判为弱阳性；被检血清与抗原之间不出现任何沉淀线者，判为阴性。

被检血清与抗原之间虽然出现沉淀线，但与标准血清的沉淀线不融合，这种沉淀线为非特异性，应判为阴性。

被检血清与抗原之间出现两条(或多条)沉淀线，其中只有一条能与标准血清的沉淀线完全融合，应判为阳性。

复习题与作业

1. 分离 BVDV 时有哪些注意事项？
2. 血清学方法在牛病毒性腹泻/黏膜病诊断中如何应用？

实验十六　小反刍兽疫的病原学诊断

小反刍兽疫(PPR),也称羊瘟,是由副黏病毒科麻疹病毒属小反刍兽疫病毒(PPRV)引起的,以发热、口炎、腹泻、肺炎为特征的急性接触性传染病。PPRV 主要感染山羊、绵羊以及野山羊、长角羚等小反刍兽。

根据国家《小反刍兽疫防治技术规范》要求,病原学诊断是 PPR 确诊的重要依据,推荐的方法包括病毒的细胞分离与鉴定、聚合酶链式反应(PCR)和酶联免疫吸附试验(ELISA)。检测条件为生物安全三级实验室(BSL-Ⅲ)。

目　　的

掌握小反刍兽疫的病原学诊断技术:病毒的细胞分离与鉴定;琼脂凝胶免疫扩散;病毒中和试验;聚合酶链式反应(PCR);酶联免疫吸附试验(ELISA)。

内容及方法

一、细胞分离与鉴定

(一)实验准备

(1)非洲绿猴肾(Vero)细胞、DMEM 培养液、胎牛血清、细胞培养瓶、青霉素、链霉素、CO_2 培养箱。

(2)棉拭子、注射器、pH 7.4 磷酸盐缓冲液(PBS)、研钵。

(3)离心机、倒置相差显微镜。

(二)操作方法

1.病料的采集

选择处于发热期(体温 40～41℃)、出现口腔溃疡、有水样眼鼻分泌物的活畜采集样品,采集口腔溃烂处、鼻黏膜处、结膜处拭子,分别放于灭菌的 pH 7.4 的 PBS 缓冲液中。

选择刚被扑杀或者死亡不超过 24 h 的病畜采集组织样品。无菌采集肠系膜、支气管淋巴结,心脏、肠、肺、脾部组织。

采集血液,并分离血清。

样品采集后置于冰上冷藏送至实验室检测。

2.病料的处理

将棉拭子充分捻动、挤干后除去拭子，每毫升缓冲液中加入青霉素和链霉素各 1 000 U，37℃放置 1 h。4℃ 10 000 r/min 离心 10 min，取上清液作为接种材料。

将适量组织样品置于研钵中，剪碎，充分研磨，加入灭菌的 pH 7.4 的 PBS(每毫升研磨液中加入青霉素和链霉素各 1 000 U)，制成悬液，37℃作用 1 h。4℃ 10 000 r/min 离心10 min，取上清液作为接种材料。

3.分离培养

取样品上清，接种于已长成单层的 Vero 细胞，37℃孵育 2 h，然后用 PBS 洗两次，加入 DMEM 培养基，进行盲传。用 PBS 设立对照组。

4.病变观察

在显微镜下每天观察，接种 5 天后，应出现细胞病变，表现为细胞变圆、融合、脱落、形成多核体。如果接种 5 天后不出现细胞病变，则将细胞培养物冻融两次进行第二次盲传。如果出现明显病变，且对照组无病变出现，则应进行其他鉴定。

二、琼脂凝胶免疫扩散试验

琼脂凝胶免疫扩散(agar-gel immunodiffusion, AGID)试验适用于小反刍兽疫病毒的检测。

(一)实验准备

(1)PPRV 标准抗原、阳性血清、阴性抗原。

(2)剪刀、琼脂、直径 5 cm 的平皿、打孔器。

(二)操作方法

(1)制备 1%琼脂凝胶(含有叠氮钠 1.25 g/L)，将琼脂凝胶倒入平皿中。

(2)琼脂凝胶按六角形状打孔，中间 1 孔，孔径 5 mm，孔距 5 mm。

(3)中间孔加阳性血清；周边 3 个孔加入阳性抗原，1 个孔加入阴性抗原，另外 2 个孔加入待检抗原，待检抗原、阴性抗原与阳性抗原交替排列。

(4)20 h 左右观察判定结果。

(三)结果判定

试验结果可以在一天内获得，但是对于温和型 PPR，因所分泌的病毒含量低，试验敏感性不足以检测病毒。当阳性血清与标准抗原之间出现清晰的沉淀线时，结果成立。待检抗原与阳性血清孔之间出现与阳性对照类似的沉淀线则为阳性，如未出现沉淀线，则样品为阴性。

三、病毒中和试验

病毒中和试验(virus neutralisation test, VNT)是利用中和抗体与病毒发生特异性的结合作用，而使病毒失去侵袭细胞的能力，从而丧失对敏感细胞或易感动物的感染能力。其在小反刍兽疫病毒的病原检测中有着重要应用。

(一)实验准备

(1)非洲绿猴肾(Vero)细胞、DMEM 培养液、胎牛血清、细胞培养瓶、青霉素、链霉素。

(2)倒置显微镜、CO_2 培养箱等。

(二)操作方法

(1)将血清按 1∶5稀释,然后用细胞培养基做连续的二倍稀释。

(2)配制病毒液,每 1 mL 含有 2 000 $TCID_{50}$(每孔加 100 μL),和步骤(1)中稀释好的血清等量混合加到 96 孔细胞培养板中,每个稀释度做 6 个孔。

(3)设立一系列对照组,以 100$TCID_{50}$、10$TCID_{50}$、1$TCID_{50}$、0. 1$TCID_{50}$,每孔 100 μL,然后加入 100 μL 培养基。设立空白对照,加 200 μL 细胞培养基。每个对照做 6 个孔,37℃孵育 1 h。

(4)每孔加入 50μL 细胞悬浮液,轻轻晃动细胞培养板使细胞分散均匀,在 CO_2 培养箱 37℃孵育 1～2 周后观察培养板。

(三)结果判定

如果病毒稀释正确,病毒量为 100$TCID_{50}$和 10$TCID_{50}$的所有对照孔都出现 CPE,1$TCID_{50}$的对照孔出现 50%的 CPE,0. 1$TCID_{50}$的对照孔不出现任何 CPE;否则试验不成立。根据实验组 CPE 计算中和抗体滴度,出现 50%的 CPE 组的血清稀释度即为中和滴度,如果中和滴度大于 10 则判定为阳性,即为小反刍兽疫病毒感染。

四、RT-PCR 鉴定

RT-PCR 的原理是:首先进行逆转录反应,即通过提取组织、细胞或微生物中的总 RNA,以 mRNA 或病毒 RNA 作为模板,利用反转录酶、特定引物或寡聚脱氧胸苷酸(OligodT)引物或随机引物进行 cDNA 合成的过程。然后再以 cDNA 为模板进行 PCR 扩增,从而获得目的基因或用于检测基因的表达量。该方法在病毒检测方面应用极为广泛,是小反刍兽疫病毒核酸检测的一种常用方法。

(一)实验准备

(1)TRIzol 试剂、三氯甲烷、异丙醇、无水乙醇、DEPC 处理过的水、RT-PCR 缓冲液、*Taq* DNA 聚合酶、反转录酶、1. 0%的琼脂糖凝胶、1×TAE 缓冲液、核酸染料。

(2)PCR 仪、核酸电泳仪、凝胶成像系统。

(二)操作方法

1. 样品处理

取样品上清液 100 μL 置于 1. 5 mL Eppendorf 管中,加入 1 mL TRIzol 试剂,颠倒混匀,室温静置 5 min,进行 RNA 提取。

2. RNA 提取

(1)经 TRIzol 处理的样品液 4℃ 12 000 r/min 离心 10 min 取上清,静置 5 min。

(2)加 200 μL 氯仿,剧烈振荡混匀,室温静置 5 min。

(3)4℃ 12 000 r/min 离心 15 min,取 400 μL 上清转入新的 1. 5 mL Eppendorf 管中,加 400 μL 的异丙醇,混匀,静置 10 min。

(4)4℃ 12 000 r/min 离心 10 min,小心倒掉上清,留取沉淀。

(5)加入现配预冷的 75% 乙醇 1 mL,混匀,4℃ 10 000 r/min 离心 5 min,小心倒去上清。再加入 75% 乙醇 1 mL,混匀,4℃ 10 000 r/min 离心 5 min,小心倒去上清。

(6)干燥 RNA 沉淀(但不能让 RNA 完全干燥),然后加入 30 μL DEPC 处理过的水溶解,在 60℃下孵育 10 min。提取的 RNA 可立即进行 RT-PCR 反应或者−80℃保存。

3. RT-PCR 反应

对于小反刍兽疫病毒的检测,一般针对核酸蛋白(N)基因部分保守区域,根据 GenBank 中小反刍兽疫的序列设计引物。

上游引物(NP3):5′-TCTCGGAAATCGCCTCACAGACTG-3′

下游引物(NP4):5′-CCTCCTCCTGGTCCTCCAGAATCT-3′

反应体系:

RNA 模板	5.0 μL
Taq DNA 聚合酶	1.0 μL
上游引物	1.0 μL
下游引物	1.0 μL
dNTPs	5.0 μL
Mg^{2+}	5.0 μL
RT-PCR 缓冲液	5.0 μL
AVM 逆转录酶	1.0 μL
DEPC 处理过的水	26 μL
总体系	50 μL

阳性对照用已知的小反刍兽疫病毒 RNA 作为模板,阴性对照采用 Vero 细胞 RNA 作为模板,空白对照用 DEPC 处理过的水作为模板。

反应条件:50℃反转录 30 min;94℃ 2 min 进行 *Taq* 酶的激活;94℃ 30 s,55℃ 30 s,72℃ 30 s,36 个循环;72℃延伸 8 min。

4. PCR 产物鉴定

取 PCR 产物进行核酸电泳(1.0%琼脂糖凝胶),然后在凝胶成像仪中观察。

(三)结果判定

阳性对照一定出现大小为 351 bp 的特异性阳性扩增条带,阴性和对照组不应出现任何条带。在对照成立的前提下判定结果。如果样品出现 351 bp 的特异性条带,表明结果阳性,为小反刍兽疫病毒,反之,则不是。

五、荧光定量 RT-PCR 鉴定

(一)实验准备

(1)TRIzol 试剂、三氯甲烷、异丙醇、无水乙醇、DEPC 处理过的水、RT-PCR 缓冲液、*Taq* DNA 聚合酶、反转录酶、参比染料 ROX、引物、探针。

(2)实时荧光定量 PCR 仪。

(二)操作方法

1. 样品处理

取样品上清液 100 μL 置于 1.5 mL Eppendorf 管中,加入 1 mL TRIzol 试剂,颠倒混匀,室温静置 5 min,进行 RNA 提取。

2. RNA 提取

(1)经 TRIzol 处理的样品液 4℃ 12 000 r/min 离心 10 min 取上清,静置 5 min。

(2)加 200 μL 氯仿,振荡混匀 15 s,静置 5 min。

(3)4℃ 12 000 r/min 离心 15 min,取 400 μL 上清水相到新的 1.5 mL Eppendorf 管中,加 400 μL 的异丙醇,混匀,静置 10 min。

(4)4℃ 12 000 r/min 离心 10 min,小心倒掉上清,留取沉淀。

(5)加入现配预冷的 75%乙醇 1 mL,混匀,4℃ 10 000 r/min 离心 5 min,小心倒去上清。再加入 75%乙醇 1 mL,混匀,4℃ 10 000 r/min 离心 5 min,小心倒去上清。

(6)干燥 RNA 沉淀(但不能让 RNA 完全干燥),然后加入 30 μL DEPC 处理过的水溶解,在 60℃下孵育 10 min。提取的 RNA 可立即进行 RT-PCR 反应或者−80℃保存。

3. 荧光定量 RT-PCR

引物和探针针对 PPRV 的 N 基因保守序列区段设计。

上游引物:5′-AGAGTTCAATATGTTRTTAGCCTCCAT-3′(483～508 bp)

下游引物:5′-TTCCCCARTCACTCTYCTTTGT-3′(603～624 bp)

探针:FAM-5-CACCGGAYACKGCAGCTGACTCAGAA-3-TAMRA(551～576 bp)

反应体系:	2×一步法反应缓冲液(2×1 step buffer)	12.5 μL
	上游引物	1 μL
	下游引物	1 μL
	探针	0.5 μL
	Taq DNA 聚合酶	0.25 μL
	反转录酶	0.25 μL
	参比染料 ROX	0.5 μL
	DEPC 处理过的水	6 μL
	RNA	3 μL

阳性对照组以阳性对照 RNA 作为模板,空白对照以 DEPC 处理过的水作为模板,阴性对照以 Vero 细胞 RNA 作为模板。

反应条件:反转录 50℃ 30 min;反转录酶失活,DNA 聚合酶激活,95℃ 10 min;扩增 45 个循环,95℃ 15 s,60℃ 1 min。

(三)结果判定

读取每个样品的 Ct 数值,样品有特异扩增曲线且 Ct 数值<40,判定为阳性结果,表示检测出小反刍兽疫病毒,如果样品 Ct 数值≥40 或者没有扩增曲线则为阴性结果,判定为未检测出小反刍兽疫病毒。

六、ELISA 方法

(一)实验准备

(1)PPRV 重组 N 蛋白、PPRV 重组 H 蛋白、对照血清(强阳性血清、弱阳性血清、阴性血清)、鼠源小反刍兽疫病毒 N 蛋白单抗、HRP 标记的兔抗羊 IgG 二抗。

(2)脱脂奶粉、洗板机、96 孔酶标板。

(3)PBST 洗涤液($NaCl$、KCl、KH_2PO_4、$Na_2HPO_4 \cdot 12H_2O$、Tween-20)、抗原包被缓冲液($NaHCO_3/Na_2CO_3$)、底物溶液及终止液。

(4)酶标仪。

(二)试验方法及结果判定

1. 竞争 ELISA

(1)抗原包被:将 PPRV 重组 N 蛋白用包被缓冲液 1∶5 000 倍稀释,每孔加入 50 μL,包被 96 孔酶标板,37℃孵育 2 h,洗板,甩出孔内液体,然后用 PBST 洗板 3 次。

(2)封闭:每孔加入 45 μL 封闭缓冲液。

(3)加血清:每份待检血清做 2 孔,每孔加入 5 μL 待检血清。设置强阳性对照孔(C++)4 个,每孔加入 5 μL 强阳性血清,弱阳性血清对照孔(C+)4 个,每孔加入 5 μL 弱阳性血清,阴性血清对照孔(C-)2 个,每孔加入 5 μL 阴性血清,单抗对照孔(Cm)4 个,每孔加入 55 μL 封闭缓冲液,酶结合物对照孔(Cc)2 个,每孔加入 55 μL 封闭缓冲液。

(4)加单抗:除酶结合物对照孔以外,每孔加入 50 μL 工作浓度的单抗,37℃孵育 1 h,用 PBST 洗涤 3 次。

(5)显色:每孔加入 50 μL 底物溶液,37℃避光反应 10 min,每孔加入 50 μL 终止液。

(6)测定吸光度,采用酶标仪在波长 492 nm 处对 96 孔酶标板进行检测,读取 OD_{450}。

(7)按照下面的计算式计算每孔(包括对照)的抑制率,并计算每份样品的平均抑制率。

$$PI=100-(OD_T/OD_C)\times 100$$

式中:PI 为抑制率;OD_T 为试验孔或对照孔 OD 值;OD_C 为单抗对照孔 OD 平均值。

对照结果在表 16-1 所示的质控范围内则试验成立。

表 16-1 质控范围

项目	最大值	最小值
Cm 孔的 OD 值	1.500	0.500
Cc 孔抑制率	+105	+95
Cm 孔抑制率	+20	−19
C++孔抑制率	90	81
C+孔抑制率	80	51
C−孔抑制率	30	5

(8)结果判定:平均抑制率大于 80,为强阳性,50<平均抑制率≤80,则为弱阳性,表示为小反刍兽疫血清学阳性;平均抑制率≤50,则为阴性,表示为小反刍兽疫抗体血清学阴性。

2. 间接 ELISA

(1)抗原包被:将 PPRV 重组 H 蛋白作为包被抗原,首先用抗原包被液将其稀释(1∶1 000 稀释,每孔抗原含量为 1 μg),每孔 100 μL 稀释抗原包被酶标板,4℃过夜,20 h 后洗板。抗原包被液为 0.05 mol/L pH 9.6 的碳酸盐缓冲液,配方为:1.59 g Na_2CO_3,2.93 g $NaHCO_3$,蒸馏水定容至 1 000 mL,4℃保存。

(2)封闭:每孔加入 100 μL 封闭液,37℃孵育 1 h,然后洗板。

(3)加血清：用 PBST 按 1∶80 稀释待检血清，每孔加入 100 μL，37℃孵育 1 h，然后洗板。

(4)加入酶标二抗：按 1∶30 000 用 PBST 稀释 HRP 标记的兔抗羊 IgG 二抗，每孔加入 100 μL，37℃孵育 1 h，然后洗板。

(5)TMB 显色：每孔加入 TMB 显色液 100 μL，37℃避光显色 5～10 min。

(6)反应终止：每孔加入终止液 50 μL，终止显色。

(7)测定 OD_{450}。

(8)当 OD_{450} 大于临界值则为阳性。

复习题与作业

1. 简述小反刍兽疫病毒的细胞分离与鉴定的实验操作程序。
2. 病毒中和实验鉴定小反刍兽疫病毒的原理是什么？
3. 分述各种小反刍兽疫病毒检测方法的特点。

实验十七　鸡新城疫的实验室诊断

新城疫(Newcastle disease,ND)是全球范围内影响最为严重的家禽传染病之一,由新城疫病毒(Newcastle disease virus,NDV)引起,具有极强的传染性,其强毒感染能够引起多种家禽的死亡,给养禽业造成了巨大的经济损失,被世界动物卫生组织(OIE)列为法定报告传染病之一。

典型的新城疫可以通过临床表现、流行特点及病理变化进行初步判断,但最终确诊还需要结合实验室诊断结果进行判定。目前国内建立了许多新城疫诊断的标准,其中 GB/T 16550—2008《新城疫诊断技术》中涉及的方法主要包括:病毒分离与鉴定、血凝试验、血凝抑制试验和 RT-PCR 方法,而最常用的免疫检测技术则是 ELISA。

目　　的

掌握新城疫的实验室诊断技术:血凝试验(HA);血凝抑制试验(HI);琼脂凝胶免疫扩散;聚合酶链式反应(PCR);酶联免疫吸附试验(ELISA)。

内容及方法

一、血凝及血凝抑制试验

(一)实验准备

(1)病毒材料、新城疫抗原及待检血清或卵黄抗体。

(2)实验材料:9～11 日龄 SPF 鸡胚;制备 1.0%鸡红细胞悬液 4℃保存;制备 4 个血凝单位的病毒液。

(3)96 孔 V 形微量反应板,微量移液器,振荡台。

(二)操作方法

1. 病料的采集

死鸡或濒死鸡采集气管、肝、肾、脾、肺、脑、肠和心等组织单独或混合作为病毒分离的样品;活鸡则用气管拭子和泄殖腔拭子。用生理盐水制备成 10%～20%的悬液(加入抗生素:青霉素,10 000 U/mL;链霉素,10 mg/mL。pH 7.0～7.4)。

2. 病毒分离

组织悬液 1 000 r/min 离心 10 min，取上清接种 9～11 日龄 SPF 鸡胚，每胚 0.2 mL，共计 5 个胚。37℃孵化箱培养，每天照胚 3～4 次，弃去 24 h 以内死亡的鸡胚，37℃孵育 4～7 天。将鸡胚置于 4℃过夜，待鸡胚血管完全收缩后无菌收集其尿囊液，进行血凝和血凝抑制试验。

3. 血凝试验(检测抗原)

采用微量法进行血凝试验。

(1)首先用移液器在 96 孔 V 形微量反应板中加入磷酸盐缓冲液(PBS)，50 μL/孔。

(2)在左侧第一孔加入待检抗原 50 μL，充分吹打混匀后，取出 50 μL 加入第二孔，依次倍比稀释至第 11 孔，弃去 50 μL，第 12 孔不添加病毒抗原为红细胞对照孔(表 17-1)。

表 17-1　微量血凝试验稀释度

项目	孔号											
	1	2	3	4	5	6	7	8	9	10	11	12
病毒稀释倍数	2 (2^1)	4 (2^2)	8 (2^3)	16 (2^4)	32 (2^5)	64 (2^6)	128 (2^7)	256 (2^8)	512 (2^9)	1 024 (2^{10})	2 048 (2^{11})	对照

(3)吸取 1%的鸡红细胞悬液，加入 1～12 孔，50 μL/孔。

(4)置于振荡器上振荡 1～2 min。室温静置 15～20 min，待对照孔红细胞已沉淀即可进行结果观察和记录。

4. 血凝抑制试验(检测抗体)

(1) 制备四单位病毒：通过血凝试验得出 100%凝集的病毒最大稀释度为该病毒的一个血凝单位(血凝价)，而其稀释倍数/4 则为 4 个血凝单位的稀释倍数。如某病毒血凝价为 1∶256，则其四单位病毒为病毒原液按照 1∶64 进行稀释得到的病毒液。

(2)取 96 孔 V 形微量反应板，用移液器在第 1～11 孔各加入 50 μL PBS，第 12 孔加入 100 μL PBS。

(3)在第 1 孔加入 50 μL 被检血清，充分混匀后移出 50 μL 加至第 2 孔，依此类推，倍比稀释至第 10 孔，第 10 孔弃去 50 μL，设第 11 孔为病毒对照，第 12 孔为红细胞对照。

(4)在第 1～11 孔各加入 50 μL 四单位病毒(表 17-2)，轻叩反应板，使反应物混合均匀，室温 20～25℃下静置 30 min。

表 17-2　血凝抑制试验稀释度

项目	孔号											
	1	2	3	4	5	6	7	8	9	10	11	12
血清稀释倍数	2 (2^1)	4 (2^2)	8 (2^3)	16 (2^4)	32 (2^5)	64 (2^6)	128 (2^7)	256 (2^8)	512 (2^9)	1 024 (2^{10})	病毒对照	空白对照
四单位病毒	50 μL	50 μL	50 μL	50 μL	50 μL	50 μL	50 μL	50 μL	50 μL	50 μL	50 μL	—

(5)自右向左(从空白对照依次向低稀释倍数孔)依次向各孔加入 50 μL 1%的鸡红细胞悬液。

(6)将反应板置于微型振荡器上振荡 1 min，室温(20～25℃)静置 15～30 min，若环境温度过高，可于4℃静置60 min。红细胞对照孔呈明显的纽扣状沉到孔底时即可判定结果。

（三）结果判定

1. HA试验

红细胞全部凝集，平铺呈网状，凝成均匀薄层，沉于孔底，即为100% 凝集（++++），不凝集者（—）红细胞沉于孔底呈点状。通过血凝实验得出100%凝集的病毒最大稀释度为该病毒的一个血凝单位（HA效价）。

2. HI试验

在红细胞对照出现完全沉淀、病毒对照出现完全凝集的情况下，将反应板作45°倾斜，从反应板背侧观察。以试验排中能使等量红细胞发生完全凝集的病毒最高稀释倍数作为病毒的血凝价，即HI效价，用 2^n 表示（注：一般HI效价为 2^5 时被认为是鸡的免疫临界水平，当血清HI效价高于 2^6 则应适当推迟免疫，当低于 2^4 则应立即免疫新城疫疫苗）。

二、琼脂凝胶免疫扩散

琼脂凝胶免疫扩散（AGID）试验是沉淀反应的一种形式，是指抗原抗体在琼脂凝胶内自由扩散，在抗原与其特异性抗体相遇后，在凝胶内的电解质参与下发生沉淀反应，形成可见的沉淀线。AGID已被广泛用于禽流感疫情监测。AGID在新城疫的检测中也被广泛应用。

（一）实验准备

（1）新城疫阳性血清、阳性抗原、被检抗原、阴性抗原。

（2）剪刀、琼脂、氯化钠、硫柳汞、蒸馏水、三角烧瓶、直径5 cm的平皿及打孔器。

（二）操作方法

（1）制备1%琼脂凝胶：琼脂1 g，氯化钠8 g，1%硫柳汞1 mL，蒸馏水100 mL；将以上材料放入三角烧瓶，加热溶解，将制备的琼脂凝胶倒入平皿，冷却待用。

（2）琼脂凝胶按六角形状打孔，中间1孔，孔径5 mm，孔距5 mm。

（3）中间孔加新城疫阳性血清，周边孔加入阳性抗原和待检抗原。另外，在周边1个孔加入阴性抗原。阴性抗原与阳性抗原及待检抗原交替排列。

（4）将平板放入湿盒内，室温（15～20℃）放置大约20 h开始观察（每4～8 h观察一次），持续至48 h，阳性血清和抗原可直接结合形成1～3条沉淀线。

（三）结果判定

当阳性抗原与阳性血清之间出现清晰沉淀线时，结果成立。待检抗原与阳性血清间如果出现与阳性对照类似的沉淀线则为阳性，如未出现沉淀线，则样品为阴性。

三、聚合酶链反应

聚合酶链反应（polymerase chain reaction，PCR）是一种对特定DNA进行快速扩增的分子生物学技术，已广泛应用于各类DNA片段的扩增和检测，在病毒检测方面应用极为广泛，也是检测新城疫病毒核酸的一种常用方法。

（一）实验准备

（1）TRIzol试剂、三氯甲烷（氯仿）、异丙醇、无水乙醇、DEPC处理过的水、反转录试剂、

Taq DNA 聚合酶、1.0%的琼脂糖凝胶、1×TAE 缓冲液、核酸染料。

(2)微量移液器、PCR 仪、核酸电泳仪、凝胶成像系统。

(二)操作方法

1.样品处理

取病毒样品 100 μL 置于 1.5 mL Eppendorf 管中,加入 1 mL TRIzol 试剂,颠倒混匀,室温静置 5 min,进行 RNA 提取。

2.RNA 提取

(1)向 TRIzol 处理的样品液中加入 200 μL 氯仿,剧烈振荡混匀,4℃放置 10 min。

(2)4℃ 12 000 r/min 离心 15 min,取 400 μL 上清水相到新的 1.5 mL Eppendorf 管中,加 400 μL 的异丙醇,混匀,室温静置 10 min。

(3)4℃ 12 000 r/min 离心 10 min,小心倒掉上清,留取沉淀。

(4)加入现配预冷的 75%乙醇 1 mL,混匀,4℃ 10 000 r/min 离心 5 min,小心倒去上清。再加入 75%乙醇 1 mL,混匀,4℃ 10 000 r/min 离心 5 min,小心倒去上清。

(5)干燥 RNA 沉淀(但不能让 RNA 完全干燥),然后加入 30 μL DEPC 处理过的水溶解,在 60℃下孵育 10 min。提取的 RNA 可立即进行 RT-PCR 反应或者−80℃保存。

3.RT-PCR 反应

对于新城疫病毒的检测,一般采取 Jestin 等建立的方法,检测新城疫病毒 F 基因上 238 bp 的一个片段。

上游引物:5′-CTTTGCTCACCCCCCTTGG-3′

下游引物:5′-CTTCCCAACTGCCACTGC-3′

反应体系:	RNA 模板	5.0 μL
	Taq DNA 聚合酶	1.0 μL
	上游引物	1.0 μL
	下游引物	1.0 μL
	dNTPs	5.0 μL
	Mg^{2+}	5.0 μL
	RT-PCR 缓冲液	5.0 μL
	AVM 酶	1.0 μL
	DEPC 处理过的水	26 μL
	总体系	50 μL

阳性对照用已知的新城疫病毒 RNA 作为模板,阴性对照采用新城疫阴性样品 RNA 作为模板,空白对照用 DEPC 处理过的水作为模板。

反应条件:50℃反转录 30 min;94℃ 2 min 进行 *Taq* 酶的激活;94℃ 30 s,56℃ 30 s,72℃ 30 s,进行 32 次循环;72℃延伸 10 min。

4.PCR 产物鉴定

取 PCR 产物进行核酸电泳(1.0%琼脂糖凝胶),然后在凝胶成像仪中观察。

(三)结果判定

阳性对照一定出现一条大小为 238 bp 的特异性扩增条带,阴性和对照组不应出现任何条带。在对照成立的前提下判定结果。如果样品出现 238 bp 的特异性条带，表明结果阳性，为新城疫病毒，如果没有特异性条带，则表明不是。

四、酶联免疫吸附试验

酶联免疫吸附试验(enzyme linked immunosorbent assay, ELISA)是免疫检测技术中最为常用的一种。其原理是将抗原或抗体包被于固相载体上，然后使待检样品与包被样品发生抗原抗体结合反应，洗涤去不结合成分，然后通过对标记抗体进行显色反应，而检测抗原抗体复合物形成的量，从而可以进行定性和定量分析抗体或者抗原的含量。ELISA 在禽病的检测中应用很广泛，是检测新城疫病毒或抗体的常见手段。

(一)实验准备

(1)新城疫病毒或抗原、新城疫病毒标准阳性血清、SPF 鸡阴性血清、兔抗新城疫血清、HRP 标记的山羊抗鸡 IgG 抗体和待检病料或待检血清。

(2)脱脂奶粉、洗板机、96 孔酶标板。

(3)PBST 洗涤液($NaCl$、KCl、KH_2PO_4、$Na_2HPO_4\cdot12H_2O$、Tween-20)，抗原包被缓冲液(0.05 mol/L pH 9.6 的碳酸盐缓冲液，配方为：1.59 g Na_2CO_3，2.93 g $NaHCO_3$，蒸馏水定容至 1 000 mL，4℃保存)、底物溶液及终止液。

(4) 酶标仪。

(二)试验方法及结果判定

1. 间接夹心 ELISA 检测新城疫病毒抗原

(1)利用包被液对鸡抗新城疫病毒 IgG 进行稀释，每孔 100 μL 包被酶标板，4℃过夜。

(2)利用 PBST 洗液洗涤酶标板 5 次，每次 2 min，以洗去未包被成分。PBST 洗脱缓冲液配方：称量 8 g $NaCl$，0.2 g KCl，2.9 g $Na_2HPO_4\cdot12H_2O$，0.2 g KH_2PO_4，补加蒸馏水定容至 1 L，加 500 μL Tween-20，室温保存。

(3)利用 5%脱脂乳进行封闭，37℃封闭 2 h。重复步骤(2)洗去残余成分。

(4)每孔加入待检样品 100 μL，37℃孵育 1～2 h。重复步骤(2)洗去残余成分。

(5)每孔加入 100 μL NDV 兔抗阳性血清(1∶200 稀释，PBS 稀释)，37℃孵育 1～2 h。重复步骤(2)洗去残余成分。

(6)每孔加入 100 μL HRP 标记的山羊抗鸡 IgG 抗体(2 000 倍稀释，PBS 稀释)，37℃孵育 1～2 h。重复步骤(2)洗去残余成分。

(7)每孔加入 TMB(碧云天公司)200 μL 作为底物进行显色，避光作用 10～15 min。

(8)每孔加入 25 μL 2 mol/L 硫酸终止反应。配制 200 mL 终止液(2 mol/L H_2SO_4 溶液)需要 95%的浓硫酸 23 mL，先加水，后注入浓硫酸，用蒸馏水清洗烧杯 3～4 次。

(9)结果判定：测定 OD_{450}，样品 OD 值/阴性对照 OD 值>2.1 即可判定为阳性。

2. 间接 ELISA 法检测鸡新城疫抗体

(1)将新城疫病毒标准抗原以 2 μg 每孔的量(100 μL 包被液)包被酶标板，4℃过夜。

(2)利用 PBST 洗液洗涤酶标板 5 次，每次 2 min，以洗去未包被成分。

(3)利用 5%脱脂乳进行封闭，37℃封闭 2 h。重复步骤(2)洗去残余成分。

(4)每孔加入 100 μL 待检血清(100 倍稀释)或卵黄抗体上清(100 倍稀释)，37℃孵育 1～

2 h。重复步骤(2)洗去残余成分。

(5)每孔加入 100 μL HRP 标记的山羊抗鸡 IgG 抗体(2 000 倍稀释),37℃孵育 1～2 h。重复步骤(2)洗去残余成分。

(6)每孔加入 TMB(碧云天公司)200 μL 作为底物进行显色,避光作用 10～15 min。

(7)每孔加入 25 μL 2 mol/L 硫酸终止反应。

(8)结果判定:测定 OD_{450},与阴阳性对照进行比较,显著大于阴性对照即可判定为阳性。

(三)注意事项

浓硫酸、TMB 均为有害试剂,操作时应穿实验服并戴一次性手套。

复习题与作业

1. 简述新城疫的实验室诊断技术。
2. 简述血凝试验测定新城疫病毒血凝价的步骤。
3. 简述血凝抑制试验测定新城疫抗体 HI 效价的步骤。
4. 检测鸡新城疫抗原和抗体的 ELISA 操作有何区别?

实验十八　鸡传染性法氏囊病的实验室诊断

鸡传染性法氏囊病(IBD)是由传染性法氏囊病病毒(IBDV)引起的一种急性、高度接触性传染病，是目前危害养鸡业的主要疾病之一。该病主要侵害3～12周龄的雏鸡和青年鸡，造成鸡死亡率和淘汰率增加。在实践中常应用各种抗体检测方法检测鸡群中的血清抗体和卵黄抗体，通常不把病原分离和鉴定作为常规诊断的方法。

目　的

熟悉和掌握鸡传染性法氏囊病的实验室诊断方法。

内容及方法

一、琼脂凝胶沉淀试验

本法是检测血清中特异性抗体或法氏囊组织中病毒抗原最常用的方法。

(一)实验准备

1. 实验材料

琼脂、含有0.1%石炭酸的8%氯化钠溶液、平皿、打孔器、组织搅拌器等。

2. 诊断血清

IBD的标准阳性血清和阴性血清。

(二)操作方法

1. 病料的采集

采集发病早期的血液样品，3周后再采血样，并分离血清。微量检出法氏囊中的抗原，无菌采取10只鸡的法氏囊，用组织搅拌器制成匀浆，以3 000 r/min离心10 min，取上清液备用。

2. 琼脂板制备

取1 g优质琼脂熔化于100 mL含有0.1%石炭酸的8%氯化钠溶液，经多层纱布或脱脂棉过滤，置冰箱备用。使用前放在水浴中熔化并趁热浇在玻片上，每片4 mL，厚2.5～3 mm。也可以吸15 mL，置于90 mm平皿内。

3. 打孔和加样

事先制好打孔的图案(中央 1 个孔,外周 6 个孔)(图 18-1),放在琼脂板下面,用打孔器打孔,并剔去孔内琼脂。孔径为 6 mm,孔距为 3 mm。检测抗体时,中央孔加已知的 IBDV 的抗原,若测法氏囊中的病毒抗原,中央孔加已知标准阳性血清。现以检测抗原为例进行加样。中央孔加 IBD 的阳性血清,1、4 孔加入已知抗原,2、3、5、6 孔加入被检抗原,添加到孔满为止。将平皿倒置放在湿盒内,置 37℃温箱内经 24～48 h 观察结果。

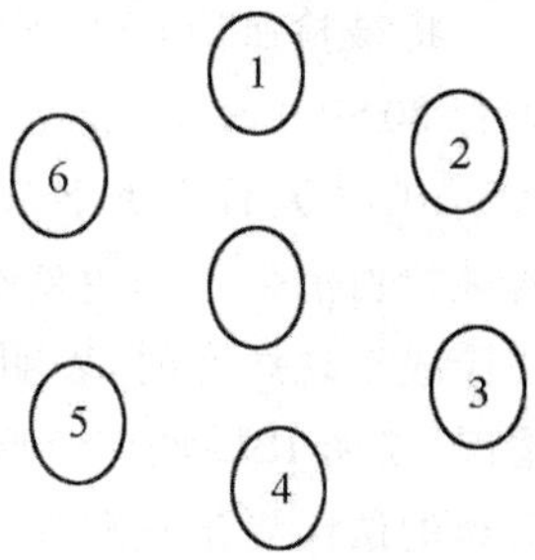

图 18-1　打孔

(三)结果判定

在标准阳性血清与被检的抗原孔之间有明显沉淀线者判为阳性,相反,不出现沉淀线者判为阴性。标准阳性血清和已知抗原孔之间出现明显沉淀线,本试验方可成立。

二、免疫荧光抗体检查

(一)实验准备

丙酮、荧光抗体、甘油缓冲液、荧光显微镜。

(二)操作方法

1. 病料采集

采取病死鸡的法氏囊、盲肠扁桃体、肾和脾,制备冰冻切片,用丙酮固定 10 min。

2. 染色方法

在切片上滴加 IBD 的荧光抗体,置湿盒内,37℃感作 30 min 后取出,先用 pH 7.2 PBS 液冲洗,继而用蒸馏水冲洗,自然干燥后滴加甘油缓冲液封片(甘油 9 份、pH 7.2 PBS 1 份)镜检。

(三)结果判定

镜检时见片上有特异性荧光时判为阳性,否则判为阴性。

(四)注意事项

滴加标记荧光抗体于已知阳性标本上,应呈现明显的特异荧光。滴加标记荧光抗体于已知阴性标本片上,应不出现特异荧光。本法在感染 12 h 后就可在法氏囊和盲肠扁桃体检出。

三、病毒中和试验

本试验可用细胞培养或幼龄鸡进行,它比琼脂凝胶沉淀试验检验抗体更敏感,可用于评价疫苗的免疫应答。

(一)细胞培养中和试验

在微量滴定板的每孔中加入 0.5 mL 含 100$TCID_{50}$的病毒稀释液。被检血清经 56℃灭活 30 min,然后以滴定板上的病毒稀释液将被检血清作连续倍比稀释。滴定板在室温放 30 min 后,每孔加入 0.2 mL 制备好的鸡胚细胞悬液,置 37℃培养 4～5 天,每天在倒置显微镜下观察细胞病变产生的情况,并以不出现细胞病变的血清稀释度判定终点。

(二)易感鸡中和试验

将被检血清56℃灭活30 min。取1 mL被检血清与含200$TCID_{50}$的IBDV病毒混合，37℃孵育30～60 min。将上述混合物滴入7只易感鸡眼内(易感鸡不含有IBD抗体)，每只鸡滴0.5 mL，3天后将鸡宰杀，检查其法氏囊有无病变。同时设立IBD阳性血清和阴性血清对照。若被检血清采于非免疫鸡群，其阳性血清和被检血清鸡的法氏囊无病变，而阴性血清对照鸡的法氏囊出现病变时，表明被检血清的鸡已感染IBDV；如果被检血清采于免疫鸡群，出现这种情况，说明IBD疫苗免疫应答较好，相反，阳性血清鸡的法氏囊无病变，而阴性血清和被检血清鸡的法氏囊出现病变，表明IBD疫苗免疫应答差。

四、间接ELISA检测IBDV抗体

(一)实验准备

1.试剂材料

聚苯乙烯微量反应板、酶标测定仪；抗原、兔抗鸡IgG酶标抗体、阳性血清和阴性血清(自备或购买)。

2.试验溶液配制

1)冲洗液(0.01 mol/L pH 7.4 PBS液)　取KH_2PO_4 1 g，$Na_2HPO_4 \cdot 12H_2O$ 14.5 g，KCl 1.0 g，NaCl 42 g，无离子水加至250 mL溶解。

2)酶标抗体和血清稀释液　0.01 mol/L pH 7.4 PBS 250 mL，Tween-20 2.5 mL，硫柳汞0.1 g。混匀后，按10 mL/瓶分装，室温保存。

3)封闭液　取2)液250 mL，牛血清白蛋白(BSA)1 g混匀，按10 mL/瓶分装，－20℃保存。

4)底物液

甲液：取$Na_2HPO_4 \cdot 12H_2O$ 35.8 g，加无离子水1 000 mL，按6 mL/瓶分装，室温保存。

乙液：取柠檬酸21 g，加无离子水1 000 mL，再加邻苯二胺1.2 g，按3 mL/瓶分装，－20℃避光保存。

5)终止液(2 mol/L硫酸)　取浓H_2SO_4(纯度95%～98%)4 mL加入32 mL无离子水中混匀即成。

(二)操作方法

1)抗原包被　IBDV抗原用0.05 mol/L pH 9.6碳酸盐缓冲液稀释至5 μg/mL，每孔加100 μL，置37℃温箱1 h后，再置4℃冰箱过夜。取出后倾去包被液，用PBST冲洗液洗涤3次，每次3～5 min。加含10%BSA的PBST封闭液，每孔加100 μL，置37℃温箱1 h，倾去封闭液，用PBST冲洗液洗涤3次，每次3～5 min。包被好的抗原板用塑料封装，放在－20℃冰箱中保存。

2)加被检血清　用血清稀释液按1∶400稀释被检血清，加入ELISA反应板中，每孔加100 μL。A_1孔加稀释液，A_2、A_3孔加阴性血清，A_4、A_5孔加阳性血清。阳性和阴性血清不稀释，加入量同被检血清。然后将反应板放在湿盒中，置37℃温箱1 h。

3)冲洗　倾去反应板中液体，用冲洗液洗涤3次，每次3～5 min。

4)加兔抗鸡IgG酶标抗体　取酶标抗体1 mL加100 mL酶标抗体稀释液混匀后，再加

100 mL 灭菌甘油即成试验用兔抗鸡 IgG 酶标抗体，用安瓿分装，每支 1 mL(可放－20℃冰箱保存)。用时取出 1 支加入 9 mL 稀释液，每孔加入 100 μL，置 37℃温箱 1 h。

5)冲洗　方法同 3)。

6)加底物液　将底物液甲液加入乙液中，再加入 30%过氧化氢 10 μL，混匀后立即加入反应板上，每孔 100 μL，37℃避光作用 20 min。

7)加终止液　每孔加入 50 μL。

8)OD 值测定　用酶标测定仪在波长 492 nm 下，测定每孔 OD 值，测定时用 A_1 孔调零。

(三)结果判定

计算被检血清两孔 OD 值平均值与阴性血清两孔 OD 值平均值之比(S/N)，若被检血清 S/N 大于 2 则判为阳性。

复习题与作业

传染性法氏囊病的实验室诊断方法有哪些？其应用如何？

实验十九　鸭瘟的病原学诊断

鸭瘟又叫鸭病毒性肠炎(DVE)，是由鸭瘟病毒引起的一种急性败血性传染病。我国国家标准《鸭病毒性肠炎诊断技术》(GB/T 22332—2008)规定了鸭瘟病毒的分离和鉴定及聚合酶链式反应(PCR)试验的诊断技术要求。该标准所规定的技术适用于检测各种样品中的鸭瘟病毒。本实验参考上述国家标准和有关文献，介绍较常用的病毒分离鉴定、PCR和间接免疫荧光检测技术。

目　　的

初步掌握鸭瘟病毒的分离鉴定、PCR诊断技术。

内容及方法

一、病毒的分离和鉴定

本实验适用于分离和鉴定各种样品中的鸭瘟病毒。

(一) 实验准备

1)病料采集与保存　病料采集应在感染初期或发病急性期从濒死期禽或活禽采取。濒死期禽采集肝、脾、脑等组织样品。活禽用灭菌的棉拭子涂抹泄殖腔。带有分泌物的棉拭子放入含有1 000 IU/mL青霉素，1 000 IU/mL链霉素，pH 7.2～7.6的磷酸盐缓冲液(PBS)中。送检病料应置于50%的甘油生理盐水中。采集的样品若在48 h内处理，可于4℃保存；否则应放－20℃以下保存。

2)病毒与血清　鸭瘟标准毒、鸭瘟阳性血清，购自中国兽医药品监察所。阴性血清自行制备。

3)鸭和鸭胚　7日龄未经鸭瘟疫苗免疫的健康肉鸭，10～11日龄非鸭瘟疫苗免疫的鸭胚。

4)药品　青霉素、链霉素、卡那霉素，PBS液，石蜡，75%酒精，碘酊。

5)器具　超净工作台，水浴锅，离心机，恒温培养箱，剪刀，研钵，酒精灯，注射器，镊子，照蛋灯。

(二)操作方法

1. 病毒分离

1)病料的处理 将棉拭子充分捻动、挤干后除去拭子。样品液经 3 000 r/min 4℃离心 30 min,取上清液作为接种材料。组织样品先用 PBS 液制成 5～10 倍乳剂,经 3 000 r/min 4℃离心 30 min,取上清液加入青霉素(1 000 IU/mL),链霉素(1 000 μg/mL),卡那霉素(1 000 μg/mL),37℃温箱作用 30 min。进行无菌检验。

2)鸭胚接种 取经处理并且无菌检验合格的样品,以 0.2 mL/胚的量经绒毛尿囊膜接种 10～11 日龄的非鸭瘟疫苗免疫的鸭胚,每个样品接种 4～5 枚胚,于 38～38.5℃恒温箱中孵育。72 h 前每天检胚 1～2 次,以后每天检胚 5 次。弃去 72 h 前死亡的胚胎,冻存 72～120 h 内的死胚或活胚。

3)病毒收获 无菌收取 72～120 h 内的死胚或活胚的绒毛尿囊膜和尿囊液,-20℃保存备用。如果第一代分离结果为阴性,需要盲传三代。

2. 病毒鉴定

通过鸭胚中和试验和雏鸭中和试验及聚合酶链式反应对病毒进行鉴定。

1)鸭胚中和试验

病毒半数致死量测定:上述收获的尿囊液作病毒禽胚半数致死量(ELD_{50})测定。用 PBS 液将鸭瘟病毒尿囊液 10 倍递次稀释,分别选取 10^{-3}～10^{-12} 10 个稀释度,以 0.2 mL/胚的量接种,每个稀释度接种 11 日龄鸭胚 6 枚,对照组生理盐水以 0.2 mL/胚接种鸭胚,然后将胚置于 37℃恒温箱中孵育,每日检胚 2 次,弃去 24 h 内死亡的胚,以后每日将死胚及时取出并对死亡鸭胚时间和数量进行记录,逐日观察至 96 h。根据 Reed-Muench 法计算半数致死量。

中和试验:用 PBS 液将待检病毒样品稀释至 100 ELD_{50}/0.1 mL,将等体积的鸭瘟阳性血清与其混合,充分摇匀后,置 37℃水浴作用 1 h,然后以 0.2 mL/胚的量接种 10 枚 11 日龄鸭胚,置 37℃恒温培养箱,逐日观察胚胎死亡情况并记录结果。同时设立标准鸭瘟病毒、阴性血清及生理盐水做阳性、阴性及空白对照。

2)雏鸭中和试验 将分离的病毒尿囊液与已知抗鸭瘟血清等量混合,置 37℃感作 60 min 后,接种于无鸭瘟抗体的健康雏鸭,每只鸭肌肉注射 0.1 mL,观察 10 天。同时设立标准鸭瘟病毒、阴性血清及生理盐水做阳性、阴性及空白对照。

(三)结果判定

1)鸭胚中和试验结果的判定 鸭胚接种鸭瘟病毒后,主要集中于接种后 3～5 天死亡。绒毛尿囊膜水肿、增厚,有出血点,部分有痘斑。胚体表现为全身出血,肝脏出血明显,其他器官也有不同程度的出血。继续将收集病毒液传代,一般盲传 2～3 代后鸭胚死亡率趋于稳定。

在阴性血清对照组应出现鸭胚死亡,标准鸭瘟病毒对照组和空白对照无鸭胚死亡情况下判定鸭胚中和试验结果,若标准阳性血清与待检病毒混合接种不出现鸭胚死亡,则鸭瘟病毒阳性,如果出现鸭胚死亡则为阴性。

2)雏鸭中和试验结果的判定 如阳性对照组、试验组及空白对照组鸭均健活,阴性血清对照组鸭死亡,鸭瘟病毒分离阳性。

(四)注意事项

(1)病毒分离试验注意禽胚的检查与及时冷藏。

(2)中和试验注意相应对照组的设定。

(3)由于鸭瘟活疫苗的应用,在病毒分离鉴定为阳性情况下,还要结合患病鸭的临床情况最终确诊鸭瘟病毒感染。

二、聚合酶链式反应(PCR)

本实验适用于检测各种样品中的鸭瘟病毒核酸。

(一)实验准备

1. 样品采集与处理

1)样品采集　病料采集应在感染初期或发病急性期从濒死期禽或活禽采取。濒死期禽采集肝、脾、脑等组织样品。活禽用灭菌的棉拭子涂抹泄殖腔,将棉拭子放入装有 1 mL PBS 的试管中。采集样品应立即检测或−20℃冻存。

2)样品处理　将棉拭子充分捻动、挤干后除去拭子。样品液经 3 000 r/min 4℃离心 30 min,取上清液作为检测材料。组织样品先用 pH 7.2～7.6 的 PBS 液制成 5～10 倍乳剂,经 3 000 r/min 4℃离心 30 min,取上清液作为检测材料。

2. 阳性对照

以已知病毒材料如鸭瘟标准毒或商品化的鸭瘟弱毒疫苗为阳性对照,购自中国兽医药品监察所。与待检病料同时提取 DNA。

3. 主要试剂

蛋白酶 K(10 mg/mL)、核糖核酸酶(20 mg/mL)、10%的十二烷基磺酸钠(SDS)溶液、Tris 饱和酚(pH 7.6)、酚-氯仿-异戊醇(25∶24∶1)混合液、3 mol/L 乙酸钠(pH 5.4)、无水乙醇、dNTPs(10 mmol/L)、*Taq* DNA 聚合酶(5 U/μL)、10×PCR 缓冲液(含 Mg^{2+})。

上游引物:5′-GAGCGTATTTAGATGAAACTGC-3′

下游引物:5′-TGTTGTGATTGTTCC-3′

电泳缓冲液:5×TBE 缓冲液(三羟甲基氨基甲烷即 Tris 54 g,硼酸 27.45 g,pH 8.0 0.5 mol/L 乙二胺四乙酸即 EDTA 20.0 mL,加双蒸水至 1 000 mL);1×TBE 电泳缓冲液(临用时将 5×TBE 缓冲液 1 份加蒸馏水 4 份混匀即可)。

电泳加样缓冲液:溴酚蓝 0.25 g,甘油 30 mL,双蒸水 70 mL。

4. 仪器设备

台式冷冻高速离心机,PCR 仪,稳压稳流电泳仪,水平电泳槽,电泳凝胶成像分析系统或紫外透射仪,可调移液器一套(包括 1～10 μL 2 支,20～100 μL 1 支,100～1 000 μL 1 支,与移液器匹配的枪头),0.2 mL 和 1.5 mL 离心管。

(二)操作方法

1. DNA 提取

将处理后样品或病毒分离培养物 400 μL 加入 1.5 mL Eppendorf 管中,然后加入 30 μL(20 mg/mL)核糖核酸酶,混匀,室温作用 20 min。加 43 μL 10%的十二烷基磺酸钠(SDS)溶液和 5 μL(10 mg/mL)蛋白酶 K,充分混匀,置 56℃水浴 2 h;加入等体积 Tris 饱和酚(pH 7.6)抽提 2 次,4℃ 12 000 r/min 离心 5 min;取上清加入等体积酚-氯仿-异戊醇(25∶24∶1)抽提 2 次,4℃ 12 000 r/min 离心 5 min;取上清加入 1/10 体积 3 mol/L NaAc(pH 5.4)及 2.5 倍

体积预冷无水乙醇，−20℃放置 2 h 以上；4℃ 15 000 r/min 离心 20 min，沉淀用 75%冷乙醇洗涤 2 次，自然干燥，用 20 μL 灭菌双蒸水溶解沉淀，−20℃保存备用。阳性和阴性对照样品采取同样方法提取 DNA。

2. PCR 扩增

PCR 反应体系(25 μL)包括 18.5 μL 灭菌双蒸水，2.5 μL 10×PCR 缓冲液(含 Mg^{2+})，0.5 μL dNTPs，上、下游引物各 1.0 μL，*Taq* 酶 0.5 μL，病毒核酸 1.0 μL。PCR 反应条件为 95℃ 5 min；94℃ 30 s，55℃ 30 s，72℃ 30 s，25 个循环后，72℃延伸 8 min。同时设立阳性和阴性对照。

3. 琼脂糖凝胶板的制备

称取 1.2 g 琼脂糖加入 100 mL 1×TBE 缓冲液中。加热熔化后冷至一定温度加入 5 μL 核酸染料溴化乙锭(10 mg/mL)，混匀后倒入水平放置的凝胶板，倒胶厚 5 mm 左右。依据样品数选用适宜的梳子。待凝胶冷却凝固后拔出梳子，放入电泳槽中，加 1×TBE 缓冲液浸没胶面。

4. 加样

取每份样品的 PCR 产物 6～8 μL，与 2～3 μL 加样缓冲液在 0.2 mL 的带盖塑料管中混匀后，分别加入一个加样孔。每次电泳至少加 1 孔已知阳性样品的扩增产物作对照，同时用 100 bp DNA 分子量标准物为参照。

5. 电泳

在 80～100 V 恒压条件下，电泳至溴酚蓝染料前移至凝胶 2/3 处。

电泳结束后取出琼脂糖凝胶置于紫外透射仪上，打开紫外灯观察。也可用电泳凝胶自动成像分析系统对凝胶进行分析、拍照。

(三)结果判定

在阳性对照在 416 bp 处有一条特异的 DNA 条带，阴性对照没有目的条带情况下，待检样品在相同位置有 DNA 条带，判为阳性，否则为阴性。

(四)注意事项

(1)PCR 反应具有极强的扩增能力和检测的灵敏性，微量样品的污染便有可能导致假阳性结果的出现，因此 PCR 操作过程中应减少外源污染。

(2)PCR 反应要严格设立阴性、阳性和试剂对照。

(3)由于鸭瘟活疫苗的应用，在 PCR 检测为阳性情况下，还要结合患病鸭的临床情况最终确诊鸭瘟病毒感染。

三、间接免疫荧光技术

本实验适用于检测各种样品中的鸭瘟病毒。当待测样品中有鸭瘟病毒存在时，已知阳性血清中的特异性抗体便会与之结合，此时加入用异硫氰酸荧光素(FITC)标记的二抗，在荧光显微镜下即可做出诊断。

(一)实验准备

1. 样品的采集和处理

采集病鸭或刚死亡鸭的肝、脾和脑等组织,活体采集鼻腔和泄殖腔棉拭子,立即处理或－20～－70℃ 冻存。

将样品棉拭子充分捻动、挤干后除去拭子。样品液经4℃ 3 000 r/min 离心30 min,取上清液作为备用材料。组织样品先用 pH 7.2～7.6 的 PBS 液制成5～10 倍乳剂,经3 000 r/min 4℃离心30 min,取上清液作为备用材料。

2. 种毒和血清

鸭瘟标准毒购自中国兽医药品监察所,阳性血清可购自中国兽医药品监察所,也可用标准毒株免疫家兔自行制备。

3. 试剂与器材

青霉素、链霉素、卡那霉素、Hank's 液、0.25%胰蛋白酶、DMEM 培养液、FITC 标记的羊抗兔 IgG(自行购买)、丙酮(分析纯)、甘油(分析纯)、载玻片、盖玻片、酒精灯、镊子、烧杯、漏斗。

4. 专用仪器设备

荧光显微镜、CO_2 培养箱、超净工作台、倒置显微镜、水浴锅、离心机。

(二)操作方法

1. 兔抗鸭瘟病毒高免血清的制备

取鸭瘟标准种毒接种鸭胚增殖病毒,向扩增病毒液中加入甲醛,使其终浓度为0.3%(W/V),37℃灭活24 h,与等量弗氏完全佐剂混合,充分乳化后于家兔颈部皮下分点注射,1 mL/只;1周后取适量灭活抗原与等量弗氏不完全佐剂混合,充分乳化,于兔颈部皮下免疫,1 mL/只;2周后耳静脉注射抗原液,1 mL/只。最后一次接种1周后耳静脉采血,分离血清,AGIP 试验测其抗体效价,效价达到1∶64 时心脏采血取血清,用30%硫酸铵提取3次,得到提纯的兔抗鸭瘟病毒 IgG,分光光度计测其蛋白浓度。

2. 抗原片的制备

在培养鸭胚成纤维细胞的细胞培养皿内放入盖玻片,待盖玻片上细胞长成单层后,倾出培养液,接种入上述病料上清液,在37℃作用60 min 后,倾出接种物,并用 Hank's 液洗一次后,加入维持液,在37℃继续孵育。

3. 荧光染色

将感染病毒24 h 的细胞培养物取出,干燥后浸入丙酮固定5 min,取出立即浸入 PBS 洗去残留丙酮。待干后将培养物的盖玻片放在清洁的玻片上,先滴加2～3 滴提纯阳性兔抗鸭瘟病毒抗体,37℃湿盒中作用40 min,PBS 冲洗3次,每次3～5 min,风干;再滴加荧光标记抗体2～3滴,37℃湿盒内置40 min,然后 PBS 冲洗3次,每次3～5 min,风干;滴加磷酸盐甘油缓冲液,封片镜检。同时做标准阳性对照、阴性对照和荧光抗体对照。

(三)结果判定

在荧光显微镜下观察。标准阳性细胞培养物有特异的荧光,阴性对照和荧光抗体对照均未见特异荧光。若待检病料的细胞培养物上见有特异性荧光，可判为阳性。

若病毒第一代细胞培养物阴性，可盲传 3 代，然后检测，在对照成立条件下，培养物出现荧光则病毒分离阳性。

（四）注意事项

高免血清和荧光标记抗体的相应比例对检测结果有重大影响，经系列倍比稀释或用方阵滴定法来确定兔抗鸭瘟病毒免疫血清和荧光抗体的最佳反应比，效果更理想。

复习题与作业

1. 鸭瘟的病原学诊断方法有哪些？你认为哪种方法最好？为什么？

2. 在鸭瘟的诊断中应注意什么问题？

实验二十　鸭病毒性肝炎的诊断

鸭病毒性肝炎是由鸭肝炎病毒(duck hepatitis virus,DHV)引起的一种急性高度致死性传染病,其特点是发病急、病程短、传播快、病死率高等。根据流行特点、特征性临床症状和病理变化可做出初步诊断,农业部行业标准《鸭病毒性肝炎诊断技术》(NY/T 554—2002)规定了鸭病毒性肝炎实验室检测方法。本实验参考上述标准和有关文献,介绍较常用的临诊诊断的要点、病毒分离鉴定、RT-PCR 和琼脂扩散试验等检测技术。

目　　的

掌握鸭病毒性肝炎的诊断方法。

内容及方法

一、鸭病毒性肝炎临诊诊断的要点

1. 流行病学诊断

通常 3 日龄至 1 月龄的雏鸭均可发病,以 5～10 日龄的雏鸭发病率最高,致死率 90%以上。

2. 临床症状和病理学诊断

病鸭表现为精神萎靡,不能随群走动,眼睛半闭,打瞌睡。随后病鸭不安定,出现神经症状,头向后仰,运动失调,身体倒向一侧,两脚发生痉挛。通常在出现神经症状后的数小时内死亡。对送检的病鸭进行剖检,病变主要表现为肝脏肿大、质脆,表面出现严重的点状出血并坏死;胆囊肿大,充满黏稠绿色胆汁;脾脏瘀血、出血、肿大,呈现斑驳状;肾脏肿胀;胰脏充血;心肌质软;脑膜及脑实质血管扩张、充血。

二、鸭病毒性肝炎的实验室诊断

(一)病毒的分离和鉴定

1. 实验准备

1)病料来源　疑是鸭病毒性肝炎的病死鸭,无菌采集有明显肝炎病变(褪色、肿大、出血等)的肝组织样品,−20℃保存。

2)病料处理　肝组织碾磨成匀浆,按体积比 1∶5 加入生理盐水,反复冻融 3 次,0.22 μm 微孔滤膜过滤,滤液作为接种材料。

2. 操作方法

1)鸡胚接种　滤液接种 8～10 日龄鸡胚尿囊腔,0.2 mL/枚,弃 24 h 内死亡胚,收 24～96 h 死亡鸡胚,96 h 内不死亡鸡胚采集肝组织研磨成匀浆后与尿囊液混匀成悬液,反复冻融 3 次,取上清 0.2 mL/枚接种盲传;24 h 后死亡的鸡胚在无菌下剖检,观察鸡胚有无肉眼可见的病理变化,同时用鲜血平板进行无菌检查。收集 24 h 后死亡的鸡胚尿囊液,置于−20℃保存,同时保存病变胚体,并对收集的尿囊液进行血凝性检查(本病毒没有血凝特性和血细胞吸附作用)。

2)病毒鉴定

(1)雏鸭接种:取 1～7 日龄(无本病母源抗体的)雏鸭数只,皮下或肌肉接种 10%～20%待检肝组织匀浆上清液,接种 24 h 后出现本病典型症状,30～48 h 死亡(对照组全存活)。病变与自然病例相同,并从肝中分离到本病毒,即可做出诊断。本法最为敏感、可靠。

(2)鸭胚接种:取 10～14 日龄鸭胚(未接种本病疫苗的母鸭所产蛋),尿囊腔接种经抗生素处理的肝匀浆上清液,接种后 24～72 h 死亡(对照组全存活),胚皮下出血、水肿,肝肿胀呈灰绿色,有坏死灶。从胚肝或尿囊液中再次分离到本病毒,即可确诊。

(二)血清学检查——琼脂扩散试验

1. 实验准备

0.01 mol/L pH 7.4 的磷酸盐缓冲液、琼脂糖、载玻片等。

2. 操作方法

1)琼脂板的制备　用 0.01 mol/L pH 7.4 的磷酸盐缓冲液配制 1%的琼脂,加热熔化后倒在载玻片上,制成 3 mm 厚的琼脂板,平置室温凝固。

2)打孔　用打孔器按常规方法打成七孔图案,中央孔径 3 mm,外周孔径 2 mm,孔间距3～4 mm。

3)封底　将打好孔的琼扩板,在酒精灯火焰上加热,使底部与玻板密封。

4)加样　中间孔加 DHV 尿囊液毒,外周孔加 2 倍系列稀释后的 DHV 阳性血清,37℃放置 20 h 观察结果。同时设阳性对照和空白尿囊液对照。

琼脂板放入湿盒中,37℃培养,每隔 12 h 观察一次,根据出现沉淀线的抗体最高稀释倍数判定抗体效价。

(三)聚合酶链式反应(PCR)

1. 实验准备

试验用仪器主要有核酸蛋白检测仪、梯度 PCR 仪、电泳仪和凝胶成像系统等。

2. 操作方法

1)引物合成　根据江苏省农业地方标准《Ⅰ型鸭病毒性肝炎病毒的检测 RT-PCR 方法》中介绍的方法,合成 1 对Ⅰ型鸭病毒性肝炎病毒特异性引物,引物跨幅 632 bp。

上游引物:5′-ATCTAATGTCCCGATACAAGGTG-3′

下游引物:5′-ACGCTAGTGTTTTGAGTCTAAGGC-3′

2)病毒核酸的抽提　取病料接种鸭胚尿囊液 300 μL，冻融 2 次，10 000 r/min 离心 30 min，取上清，加 700 μL TRIzol，进行 RNA 抽提，具体操作过程参见 TRIzol 抽提试剂盒说明书，最后用 20 μL DEPC 水溶解 RNA，备用。

3)反转录　采用 20 μL 体系对 RNA 样品进行反转录。其中含溶于 DEPC 水的 RNA 样品 10 μL，下游引物 1 μL，10 mmol/L dNTPs 2 μL，40 U/μL RNA 酶抑制剂 1 μL，AMV 反转录酶 1 μL，5×AMV 反转录酶缓冲液 5 μL，混匀，置于 PCR 仪中进行 cDNA 合成，反应条件为 65℃ 10 min，42℃ 60 min，95℃ 5 min，合成后于－20℃下保存或立即进行 PCR。

4)RT-PCR 扩增　采用 25 μL PCR 反应体系：cDNA 2.5 μL，20 pmol/μL 上、下游引物各 1 μL，10×PCR 缓冲液 2.5 μL，2.5 mmol/L dNTPs 1 μL，氯化镁试剂 1.5 μL，5 U/ μL *Taq* DNA 聚合酶 0.5 μL，灭菌超纯水 15 μL，置于 PCR 仪中进行 PCR 扩增。扩增程序为：95℃ 5 min；94℃ 30 s，54℃ 30 s，72℃ 30 s，30 个循环；72℃延伸 10 min，4℃结束反应。取 PCR 产物 10 μL，用 1%琼脂糖凝胶电泳观察分析 PCR 产物。

5)PCR 产物的纯化、克隆、鉴定及序列测定　取适量 PCR 产物于 1%琼脂糖凝胶上电泳，EB 染色后，在紫外观察仪上切割回收所需的片段，然后按凝胶回收试剂盒操作说明纯化回收 PCR 产物。取适量经纯化回收的 PCR 产物，按 pMD19-T 载体说明加入连接体系，4℃连接过夜，取 10 μL 连接产物转化大肠杆菌 DH5α。挑取在含氨苄青霉素的 LB 培养基上长出的白色菌落，少量培养，用碱裂解法抽提质粒 DNA 进行 PCR 鉴定，阳性克隆菌进行测序分析。

复习题与作业

1. 试述鸭病毒性肝炎的临床症状和病理变化。
2. 试述鸭病毒性肝炎的各种实验室诊断方法的利弊。

实验二十一 鸭传染性浆膜炎的诊断

鸭传染性浆膜炎是由鸭疫里默氏杆菌引起的一种传染病，主要侵害雏鸭。本实验介绍该病较常用的临诊诊断要点、实验室涂片镜检和分离鉴定的方法。

目 的

掌握鸭传染性浆膜炎的诊断方法。

内容及方法

一、临诊诊断的要点

鸭传染性浆膜炎是由鸭疫里默氏杆菌引起的一种接触性、急性或慢性、败血性传染病，根据本病的流行特点、临床症状和剖检变化可做出诊断，其诊断要点如下：

1. 流行特点

主要感染1～8周龄雏鸭，其中以2～3周龄鸭最易感，死亡率差别较大，在5%～75%不等。本病主要经呼吸道或皮肤伤口等途径感染，恶劣的饲养环境如育雏密度过大、空气不流通、鸭舍潮湿、舍温过高或过低以及饲料中维生素或微量元素缺乏、蛋白质水平过低也易造成发病。

2. 临床症状

急性病例主要表现为嗜睡缩颈，行动蹒跚，共济失调，厌食或少食。流眼泪和鼻液，轻度咳嗽和打喷嚏，张口呼吸，有时会出现分泌物干涸堵塞鼻孔，排绿色稀粪。病鸭脚软无力，不愿走动、伏卧、站立不稳，常用喙抵地面；濒死鸭出现神经症状，不自主地点头，摇头摇尾，扭颈，前仰后翻，翻倒后划腿，头颈歪斜等。多数病鸭死前可见抽搐，死后常呈角弓反张姿势。

3. 病变

病死鸭出现心包炎，心包严重粘连，心脏表面有纤维素性、干酪样渗出物；肝周炎，肝脏肿大，表面有一层半透明状灰白色的纤维素性膜；气囊炎，气囊壁增厚、浑浊、不透明，表面有纤维素性渗出物；直肠处可见浅绿色稀粪；部分患鸭有神经症状时，脑膜充血出血。

二、实验室诊断

(一)实验准备

瑞氏染液;肉汤;细菌生化鉴定管:糖发酵、尿素酶、V-P、MR、靛基质、明胶液化试验等;药敏纸片等。

(二)操作方法

1. 涂片镜检

可直接取病变器官涂片镜检,如取血液、肝脏、脾脏或脑作涂片,瑞氏染色镜检常可见两端浓染的小杆菌。

2. 细菌的分离与鉴定

可无菌采集心血、肝或脑等病变材料,接种于 TSA 培养基或巧克力培养基上,在烛罐中37℃培养 24 h 进行观察。肉汤中生长呈轻度混浊。无菌操作取培养物少许,革兰氏染色,镜检可见该菌革兰氏阴性,呈杆状,单独或成双存在。

3. 生化试验

取培养基上的菌落接种肉肝汤增菌液 37℃培养 24～48 h,不发酵糖类,不产生靛基质和硫化氢,不分解尿素,能液化明胶,过氧化氢酶试验阳性,MR、V-P 试验均为阴性。

4. 药敏试验

挑取典型菌落均匀涂布于普通琼脂平板上,用氟苯尼考、丁胺卡那霉素、庆大霉素、恩诺沙星、青霉素、链霉素、环丙沙星、氯霉素、杆菌肽、壮观霉素、环丙沙星、复方新诺明做药敏试验。

5. 血清学检查

鸭疫里默氏杆菌的血清型众多,迄今为止报道有 21 个血清型(1～21 型),各血清型之间无交叉反应,因此必须对鸭疫里默氏杆菌分离株进行血清型鉴定。

1)抗原制备　将本菌纯培养物用含 3%福尔马林的 PBS 洗下,4 000 r/min 离心,用含 3%福尔马林的 PBS 洗涤,离心两次,最后将菌体以含 3%福尔马林的 PBS 悬浮,调整 OD_{525}值为 0.2,作为制备抗血清和进行试管凝集试验的抗原。

2)抗血清制备　将抗原经耳静脉多次注射健康兔,每 4 天注射一次,剂量分别为:0.05 mL、0.1 mL、0.2 mL、0.5 mL、1.0 mL、1.5 mL、2.0 mL,最后一次注射抗原后 7 天,抽取少量血清确定为抗体阳性后,经心脏采血收集血清,分装后保存于－20℃。

3)玻片凝集试验(查抗原)　取洁净载玻片一张,滴蒸馏水一滴,用接种环蘸取待检菌纯培养物少许(1～2 个菌落)于蒸馏水中混匀,滴加已知阳性血清一滴,摇匀,1～2 min 内出现清晰的乳白色絮状凝集块者为阳性。

6. 动物实验

选 10 日龄健康雏鸭 5 只,用灭菌生理盐水从巧克力琼脂上洗下细菌稀释后按 0.2 mL/只于鸭脚底部皮内接种,约 19 h 后试验鸭开始发病,表现脚软、扭脖子,3 天内均死亡。然后从脑组织、心血或肝中分离原接种菌。

复习题与作业

1. 试述鸭传染性浆膜炎的临床症状和病理变化。
2. 鸭传染性浆膜炎病原的分离鉴定是怎样进行的？

实验二十二　犬瘟热的实验室诊断

犬瘟热病毒(CDV)是感染犬的一种最古老的、临床意义最大的病毒。感染的自然宿主为犬科动物和鼬科动物,主要通过空气和飞沫水平传播。病犬是重要的传染源,并通过尿液长期排毒,污染周围环境;不同年龄、性别和品种的犬均可感染。感染 CDV 表现症状多种多样,与病毒毒力、环境条件、宿主的年龄及免疫状态有关,主要可分为超急性型、急性型、消化道症状、神经症状和皮肤症状 5 种特征性类型,一旦出现特征性症状,则预后极差。CDV 感染病型复杂多样,临床上诊断很困难,易与上呼吸道感染、犬传染性肝炎、犬冠状病毒感染等相混淆,必须通过病毒分离鉴定和免疫学及分子生物学方法确诊。

目　　的

初步掌握犬瘟热的实验室诊断方法。

内容及方法

一、病毒分离

(一)实验准备

1. 试剂

改良最低要素营养液(DMEM)培养基(配方见附 A. 1),磷酸盐缓冲液(配方见附 A. 2),非洲绿猴肾细胞(Vero 细胞),青链霉素(配方见附 A. 3)。

2. 器材

细胞培养瓶,二氧化碳培养箱,恒温水浴箱,离心机,普通光学显微镜,0.45 μm 微孔滤膜。

(二)操作方法

1. 样品采集和处理

(1)活犬可采集泪液、鼻液、唾液、粪便;病死犬可采集肝、脾、肺等组织器官。

(2)上述样品用无血清 DMEM 制成 20%组织悬液,10 000 r/min 离心 20 min,取上清液,经 0.45 μm 微孔滤膜过滤,滤液用于 CDV 分离。

2. 细胞培养

用含 8%新生牛血清的 DMEM 培养基培养 Vero 细胞，置 37℃二氧化碳培养箱，单层细胞长至 80%～90%时，接种样品上清。

3. 病料接种

取 0.1 mL 处理好的样品上清接种 Vero 细胞，置 37℃二氧化碳培养箱吸附 1 h，加入无血清 DMEM 继续培养 5～7 天，观察结果。

(三)结果判定

若接种物未出现细胞病变，应将细胞培养物冻融后盲传三代，如仍无细胞病变，则判为 CDV 病原分离阴性。若 Vero 细胞培养 4～5 天出现细胞病变(如细胞变圆、胞浆内颗粒变性和空泡形成，随后形成合胞体，并在胞浆中出现包涵体)，可用免疫酶检测、免疫组织化学检测和 RT-PCR 三种方法之一进行确诊。

二、免疫酶检测

(一)实验准备

1. 试剂

磷酸盐缓冲液(PBS)：配制见附 A. 2，CDV 阳性血清：中和抗体效价 1:1 024，CDV 阴性血清：无 CDV 感染的犬血清，酶结合物：HRP 标记的葡萄球菌 A 蛋白(SPA)，底物溶液：配制见附 A. 4，过氧化氢甲醇溶液：配制见附 A. 5，盐酸酒精溶液：配制见附 A. 6，胰蛋白酶溶液：配制见附 A. 7。

2. 器材

普通光学显微镜，40 个小孔的室玻片，恒温水浴箱，石蜡切片机或冷冻切片机。

(二)操作方法

(1)将 CDV 标准株和待鉴定的样品分别接种 Vero 细胞，接种后 5～7 天，病变达 50%～75%时，用胰蛋白酶消化分散感染细胞，PBS 洗涤 3 次后，稀释至 1×10^6 个/mL。取有 40 个小孔的室玻片，每孔滴加 10 μL。室温自然干燥后，冷丙酮(4℃)固定 10 min。密封包装，置−20℃备用。

(2)取出室玻片，室温干燥后，每份 10 倍稀释的 CDV 阳性血清和阴性血清，每份血清滴加到两个病毒细胞孔和一个正常细胞孔，置湿盒内，37℃孵育 30 min。

(3)PBS 漂洗 3 次，每次 5 min，室温干燥。

(4)滴加 1:100 稀释的酶结合物，置湿盒内，37℃孵育 30 min。

(5)PBS 漂洗 3 次，每次 5 min。

(6)将室玻片放入底物溶液中，室温下显色 5～10 min。PBS 漂洗 2 次，再用蒸馏水漂洗 1 次。

(7)吹干后，在普通光学显微镜下观察，判定结果。

(三)结果判定

若 CDV 阴性血清与正常细胞和病毒感染细胞反应均无色，且 CDV 阳性血清与正常细胞反应无色，与 CDV 标准毒株感染细胞反应呈棕黄色或棕褐色，则判定阴、阳性对照成立。

待鉴定病毒感染细胞与 CDV 阳性血清和阴性血清反应均呈无色，判为 CDV 阴性，相应动物犬瘟热感染阴性。

待鉴定病毒感染细胞与阴性血清反应呈无色，而与 CDV 阳性血清反应呈棕黄色或棕褐色，判为 CDV 阳性，相应动物犬瘟热感染阳性。

三、免疫组织化学检测

（一）实验准备

对疑似犬瘟热的病死犬或扑杀犬，立即采集肺、脾、胸腺、淋巴结和脑等组织，置冰瓶内立即送检。不能立即送检者，将组织块切成 1 cm×1 cm 左右大小，置 10%的福尔马林溶液中固定，保存，送检。

（二）操作方法

（1）新鲜组织按常规方法制备冰冻切片。冰冻切片风干后用丙酮固定 10～15 min；新鲜组织或固定组织按常规方法制备石蜡切片（切片应用白胶或铬矾明胶做黏合剂，以防脱）。

（2）去内源酶：用过氧化氢甲醇溶液或盐酸酒精溶液 37℃作用 20 min。

（3）胰蛋白酶消化：室温下，用胰蛋白酶溶液消化处理 2 min，以便充分暴露抗原。

（4）漂洗：PBS 漂洗 3 次，每次 5 min。

（5）封闭：滴加 5%的新生牛血清或 1∶10 稀释的正常马血清，37℃湿盒中孵育 30 min。

（6）加 10 倍稀释的 CDV 阳性血清或阴性血清，37℃湿盒中孵育 1 h 或 37℃湿盒中孵育 30 min 后 4℃过夜。

（7）漂洗：PBS 漂洗 3 次，每次 5 min。

（8）加 1∶100 稀释的酶结合物，37℃湿盒中孵育 1 h。

（9）漂洗：PBS 漂洗 3 次，每次 5 min。

（10）底物显色：新鲜配制的底物溶液显色 5～10 min 后漂洗。

（11）从 90%乙醇开始脱水、透明、封片、普通光学显微镜观察。

（12）试验同时设阳性、阴性血清对照。

（三）结果判定

被检组织与阴性血清作用后应无着染，若出现黄色或棕褐色着染，判定阴性对照不成立，应重复实验。

被检组织与 CDV 阳性血清作用后本底清晰，细胞浆内呈现黄色或棕褐色着染，判为 CDV 阳性，相应动物犬瘟热感染阳性。

被检组织与 CDV 阳性血清作用后本底清晰，细胞浆内无黄色或棕褐色着染，判为 CDV 阴性，相应动物犬瘟热感染阴性。

四、RT-PCR 检测

（一）实验准备

1. 试剂材料

除另有说明，所用试剂均为分析纯；所有试剂均用无 RNA 酶的容器分装。

Taq 酶及 10 倍 *Taq* 酶反应缓冲液：*Taq* 酶浓度为 5 U/μL，−20℃保存。

逆转录酶及10倍逆转录酶反应缓冲液：逆转录酶浓度为50 U/ μL，－20℃保存。

RNA酶抑制剂(40 U/ μL)：－20℃保存。

dNTPs：含dATP、dGTP、dCTP、dTTP各10 mmol/L，－20℃保存。

引物：浓度为20 μmol/L，其序列如下：

上游引物(CDVF)：5′-CGAGTCTTTGAGATAGGGTT-3′

下游引物(CDVR)：5′-CCTCCAAAGGGTTCCCATGA-3′

随机引物：含有9个碱基的随机序列引物，浓度为50 μmol/L，－20℃保存。

DEPC水：自配(参见附A.8)，或购买商品化DEPC水。

TRIzol试剂：4℃保存。

氯仿：常温保存。

异丙醇：使用前预冷至－20℃。

75%乙醇：用新开启的无水乙醇和DEPC水配制，使用前预冷至－20℃。

1.5 mL无RNA酶的Eppendorf管。

0.2 mL无RNA酶的PCR薄壁管。

2.仪器设备

PCR仪，高速台式冷冻离心机(可控温至4℃，离心速度可达12 000*g*以上)，水平电泳仪，凝胶成像系统。

(二)操作方法

1.病料的采集及处理

采集的样品包括犬的泪液、鼻液、唾液、粪便及病死犬的肝、脾、肺等组织器官。将待检组织或粪便样品加等体积生理盐水(参见附A.9)研磨匀浆，3 000*g*离心15 min，收集上清液待检。口腔拭子、粪拭子用少量生理盐水浸润后，取上清液待检。经细胞病原分离培养的样品，收集细胞沉淀待检。CDV阳性对照样品和阴性对照样品同样处理。

2.RNA抽提

分别取100 μL待检样品、CDV阳性样品和阴性样品的上清液，加入1 mL TRIzol试剂，用枪头充分吹打20～30次；加入0.2 mL氯仿，13 000*g*离心15 min；取上层水相，加500 μL异丙醇，颠倒数次混匀，－20℃放置20 min；13 000*g*离心10 min；弃上清，沉淀用1 mL DEPC水配制的75%乙醇清洗；8 000*g*离心10 min；弃上清，沉淀室温干燥10 min；加20 μL DEPC水溶解RNA沉淀。RNA溶液须在2 h内进行逆转录合成cDNA模板。另外，RNA抽提也可采用市售的商品化RNA抽提试剂盒进行。

3.cDNA模板制备

取17 μL RNA溶液，加10倍逆转录酶反应缓冲液2.5 μL、dNTPs 1.5 μL、随机引物2 μL、RNA酶抑制剂1 μL、逆转录酶1 μL，室温放置10 min后，置PCR仪上经42℃ 60 min、70℃ 10 min。

4.PCR检测

在0.2 mL PCR薄壁管中，按每个样品10倍*Taq*酶反应缓冲液2.5 μL、dNTPs 0.5 μL、*Taq*酶0.5 μL、cDNA模板2 μL、上游引物和下游引物(CDVF、CDVR)各0.5 μL、三蒸水18.5 μL，配制PCR检测体系。将PCR管置PCR仪上按如下程序扩增：首先94℃变性2 min；

再 94℃ 30 s、55℃ 30 s、72℃ 40 s 进行 35 个循环；最后 72℃ 3 min。用 TBE 电泳缓冲液（参见附 A.10）配制 1.5%的琼脂糖平板（含 0.5 μg/mL EB，参见附 A.11），将平板放入水平电泳槽，使电泳缓冲液刚好没过胶面，将 10 μL PCR 产物和 2 μL 加样缓冲液（6×）（参见附 A.12）混匀后加入样品孔。在电泳时设立 DNA 标准分子量作对照。5 V/cm 电泳约 30 min，当溴酚蓝到达底部时停止，用凝胶成像系统观察结果。

（三）结果判定

经 RT-PCR 检测，CDV 阳性对照样品可扩增出大小为 455 bp 的核酸片段（参见附 B），且阴性对照样品无扩增条带，否则试验结果视为无效。

若待检样品扩增出了大小为 455 bp 的核酸片段，则初步判定犬瘟热病毒核酸阳性；若待检样品无扩增条带或扩增条带大小不为 455 bp，则判定犬瘟热病毒核酸阴性。

待检样品扩增出的阳性基因片段应进行核酸序列测定，若其序列与提供的比对序列的同源性≥90%，则可确诊为犬瘟热病毒核酸阳性，否则判定犬瘟热病毒核酸阴性。

若犬瘟热病毒核酸阳性且病原分离也呈阳性，则可判定犬瘟热病毒感染阳性。

复习题与作业

RT-PCR 法如何检测犬瘟热病毒？其判断依据是什么？注意事项有哪些？

附 A　试剂及其配制

附 A.1　DMEM（高糖）培养液的配制

量取去离子水 950 mL，置于适宜的容器中。将 DMEM 粉剂 10 g 加于 30℃的去离子水中，边加边搅拌。每 1 000 mL 培养液加 3.7 g 碳酸氢钠。加去离子水至 1 000 mL，用 1 mol/L 氢氧化钠或盐酸将培养液 pH 调至 6.9～7.0。在过滤之前应盖紧容器瓶塞。立即用孔径 0.45 μm 的微孔滤膜正压过滤除菌，4℃冰箱保存备用。

附 A.2　磷酸盐缓冲液（PBS，0.01 mol/L pH 7.4）

氯化钠	8 g
氯化钾	0.2 g
磷酸二氢钾	0.2 g
十二水磷酸氢二钠	2.83 g
蒸馏水	加至 1 000 mL

附 A.3　青链霉素

取注射用青霉素和链霉素溶解于三蒸水中，使每毫升含青霉素、链霉素各 5 万 U（μg），除菌过滤，用时按 100 mL 1640-15 培养液加 0.2 mL，使青链霉素的最终浓度各为 100 U（μg）。

附 A.4　底物溶液

3,3-二胺基联苯胺盐酸盐（DAB）	40 mg
PBS	100 mL
丙酮	5 mL
30%过氧化氢	0.1 mL

滤纸过滤后使用，现用现配。

附 A.5　过氧化氢甲醇溶液(0.3%)

30%过氧化氢	1 mL
甲醇	99 mL

现用现配。

附 A.6　盐酸酒精溶液(1%)

盐酸	1 mL
70%乙醇	99 mL

附 A.7　胰蛋白酶溶液(0.5%)

胰蛋白酶	0.5 g
PBS	100 mL

低温保存。使用时，用 PBS 稀释为 0.05%。

附 A.8　DEPC 溶液(0.1%)

DEPC	1 mL
蒸馏水	加至 1 000 mL

磁力搅拌至溶解，高压灭菌(121℃ 30 min)后 4℃冰箱保存备用。

附 A.9　生理盐水

称取 9 g 无水氯化钠溶于 1 000 mL 去离子水中配成 0.9%生理盐水，121.3℃灭菌 15 min。

附 A.10　5×TBE 电泳缓冲液

每升三蒸水中加入三羟甲基氨基甲烷(Tris)54.0 g，乙二胺四乙酸(EDTA)2.9 mg，硼酸 27.5 g，用 5 mol/L 的盐酸调 pH 至 8.0。

附 A.11　EB 核酸染色剂

在 10 mL 三蒸水中加入 100 mg 溴化乙锭(EB)配制成 10 mg/mL 的浓缩液。

附 A.12　加样缓冲液(6×)

每 100 mL 三蒸水中加入溴酚蓝 0.25 g 和蔗糖 40 g。

附 B　犬瘟热病毒 RT-PCR 扩增核酸片段参考序列

CGAGTCTTTG AGATAGGGTT CATCAAACGG TGGCTGAATG ACATGCCATT
ACTCCAGACA ACCAACTATA TGGTCCTCCC GGAGAATTCT AAAGCTGAGG
TGTGTACTAT AGCAGTGGGC GAGCTGACAC TGGCTTCCTT GTGTGTAGAT
GAGAGCACCG TATTATTATA TCATGACAGC AATGGTCCAC ATGACAGTGT
TCTAGTAGTG ACGCTGGGAA TATTTGGGGC AACACCGATG AATCAAGTAG
AAGAGGTGAT ACCTGTCGCT CATCCATCAG TAGAAAAGAT ACATATCACA
AATCACCGTG GTTTCATAAA AGATTCAGTA GCAACCTGGA TGGTGCCTGC
ATTGGTCTCT GAGCAACAAG AAGGACAAAA AAATTGTCTG GAGTCGGCTT
GTCAAAGAAA ATCCTACCCT ATGTGCAACC AAACATCATG GGAACCCTTT
GGAGG

参考文献

[1] [美]斯特劳,等.猪病学[M].9版.赵德明,张仲秋,沈建忠,译.北京:中国农业大学出版社,2008.
[2] Y.M.塞弗,等.禽病学[M].11版.苏敬良,高福,索勋,主译.北京:中国农业出版社,2005.
[3] 白文彬,于康震.动物传染病诊断学[M].北京:中国农业出版社,2002.
[4] 毕丁仁,钱爱东.动物防疫与检疫[M].北京:中国农业出版社,2009.
[5] 陈怀涛,徐乐仁.兽医病理学[M].北京:中国农业出版社,2005.
[6] 陈溥言.兽医传染病学[M].5版.北京:中国农业出版社,2006.
[7] 甘孟侯,蒋金书.畜禽群发病防治[M].3版.北京:中国农业大学出版社,2009.
[8] 高丰,何文琦.动物疾病病理诊断学[M].北京:科学出版社,2009.
[9] 林德贵.动物医院临床技术[M].北京:中国农业大学出版社,2004.
[10] 刘振湘,梁学勇.动物传染病防治技术[M].北京:化学工业出版社,2009.
[11] 陆承平.兽医微生物学[M].4版.北京:中国农业出版社,2007.
[12] 马兴树.禽传染病实验诊断技术[M].北京:化学工业出版社,2006.
[13] 马兴元,赵玉军.国家法定猪病诊断与防治[M].北京:中国轻工业出版社,2007.
[14] 吴清民.兽医传染病学[M].北京:中国农业大学出版社,2002.
[15] 俞东征.人兽共患传染病学[M].北京:科学出版社,2009.
[16] 张德群.兽医专业实习指南[M].北京:中国农业大学出版社,2004.
[17] 倪语星.抗微生物药物敏感性试验规范[M].上海:上海科学技术出版社,2002.
[18]郑明球.家畜传染病学实验指导[M].北京:中国农业出版社,1995.

附录一　OIE 疫病、感染及侵染名录

根据 OIE 国际委员会通过的决议及其区域委员会提出的建议，OIE 总部制定了一个单一的须申报的陆生和水生动物疫病名录，即《OIE 疫病、感染及侵染名录》。替代了先前的 A 类和 B 类疾病名录。新的《OIE 疫病、感染及侵染名录》于 2017 年的 1 月 1 日起生效。

1. 多种动物共患传染病和寄生虫病(23 种)

多种动物疫病、感染和侵染：炭疽、蓝舌病、布鲁氏菌病(流产布鲁氏菌)/布鲁氏菌病(马耳他布鲁氏菌)/布鲁氏菌病(猪布鲁氏菌)、克里米亚刚果出血热、流行性出血病、东部马脑脊髓炎、口蹄疫、心水病、伪狂犬病病毒感染、细粒棘球蚴感染、多房棘球蚴感染、狂犬病病毒感染、裂谷热病毒感染、牛瘟病毒感染、旋毛虫感染、日本脑炎、新大陆螺旋蝇蛆病(嗜人锥蝇)、旧大陆螺旋蝇蛆病(倍赞氏金蝇)、副结核病、Q 热、苏拉病(伊氏锥虫病)、野兔热、西尼罗河热。

2. 牛传染病(14 种)

牛的疫病和感染：牛无浆体病、牛巴贝斯虫病、牛生殖道弯曲杆菌病、牛海绵状脑病、牛结核病、牛病毒性腹泻、地方流行性牛白血病、出血性败血症、牛传染性鼻气管炎/传染性脓疱性外阴阴道炎、丝状支原体丝状亚种 SC 感染(牛传染性胸膜肺炎)、疙瘩皮肤病、泰勒虫病、滴虫病、伊氏锥虫病(采采蝇传播)。

3. 绵羊和山羊病(11 种)

绵羊和山羊的疫病和感染：山羊关节炎/脑炎、传染性无乳症、山羊传染性胸膜肺炎、流产衣原体感染(地方流行性母羊流产、绵羊衣原体病)、小反刍兽疫病毒感染、梅迪-维斯那病、内罗毕绵羊病、绵羊附睾炎(绵羊布鲁氏菌)、沙门氏菌病(流产沙门氏菌)、痒病、绵羊痘和山羊痘。

4. 马病(11 种)

马的疫病和感染：马传染性子宫炎、马媾疫、马脑脊髓炎(西部)、马传染性贫血、马流感、马梨形虫病、马鼻疽、非洲马瘟病毒感染、马疱疹病毒-1 感染(EHV-1)、马动脉炎病毒感染、委内瑞拉马脑脊髓炎。

5. 猪病(6 种)

猪的疫病和感染：非洲猪瘟、古典猪瘟病毒感染、尼帕病毒性脑炎、猪囊尾蚴病、猪繁殖与呼吸综合征、传染性胃肠炎。

6. 禽病(13 种)

禽的疫病和感染：禽衣原体病、鸡传染性支气管炎、鸡传染性喉气管炎、禽支原体病(鸡败血支原体)、禽支原体病(滑液囊支原体)、鸭病毒性肝炎、禽伤寒、禽流感病毒感染、非家禽的鸟类包括野生鸟类高致病性 A 型流感病毒感染、新城疫病毒感染、传染性法氏囊病(甘布罗病)、

鸡白痢、火鸡鼻气管炎。

7. 兔病(2 种)

兔形目动物的疫病和感染:黏液瘤病、兔病毒性出血症。

8. 蜜蜂疾病、感染和寄生虫感染(6 种)

蜜蜂疫病、感染和侵染:蜜蜂蜂房球菌感染(欧洲幼虫腐臭病)、蜜蜂幼虫芽孢杆菌感染(美洲幼虫腐臭病)、蜜蜂武氏螨侵染、蜜蜂小蜂螨侵染、蜜蜂瓦螨侵染(大螨病)、蜂房小甲虫侵染(小蜂房甲虫)。

9. 其他疾病和感染(2 种)

其他疫病和感染:骆驼痘、利什曼病。

10. 鱼类疾病(10 种)

鱼类疫病:流行性造血器官坏死病、丝囊霉菌感染(流行性溃疡综合征)、唇齿鰕三代虫感染、HPR 缺失型或 HPR0 型鲑鱼传染性贫血症病毒感染、鲑鱼甲病毒感染、传染性造血器官坏死、锦鲤疱疹病毒病、红海鲷虹彩病毒病、鲤春病毒血症、病毒性出血性败血症。

11. 软体动物的疾病(7 种)

软体动物的疫病:鲍鱼疱疹病毒感染、杀蛎包拉米虫感染、牡蛎包拉米虫感染、折光马尔太虫感染、海水派琴虫感染、奥尔森派琴虫感染、加州立克次体感染。

12. 甲壳动物病(9 种)

甲壳动物疫病:急性肝胰腺坏死病、螯虾瘟(变形藻丝囊霉菌)、黄头病毒感染、传染性皮下及造血组织坏死、传染性肌肉坏死、坏死性肝胰腺炎、桃拉综合征、白斑病、白尾病。

13. 两栖动物病(2 种)

两栖动物疫病:蛙壶菌感染、蛙病毒感染。

附录二　中华人民共和国进境动物检疫疫病名录

一类传染病、寄生虫病(15 种)

口蹄疫、猪水疱病、猪瘟、非洲猪瘟、尼帕病、非洲马瘟、牛传染性胸膜肺炎、牛海绵状脑病、牛结节性皮肤病、痒病、蓝舌病、小反刍兽疫、绵羊痘和山羊痘、高致病性禽流感、新城疫。

二类传染病、寄生虫病(147 种)

1. 共患病(28 种)

狂犬病、布鲁氏菌病、炭疽、伪狂犬病、魏氏梭菌感染、副结核病、弓形虫病、棘球蚴病、钩端螺旋体病、施马伦贝格病、梨形虫病、日本脑炎、旋毛虫病、土拉杆菌病、水疱性口炎、西尼罗热、裂谷热、结核病、新大陆螺旋蝇蛆病(嗜人锥蝇)、旧大陆螺旋蝇蛆病(倍赞氏金蝇)、Q 热、克里米亚刚果出血热、伊氏锥虫感染(包括苏拉病)、利什曼原虫病、巴氏杆菌病、鹿流行性出血病、心水病、类鼻疽。

2. 牛病(8 种)

牛传染性鼻气管炎/传染性脓疱性阴户阴道炎、牛恶性卡他热、牛白血病、牛无浆体病、牛生殖道弯曲杆菌病、牛病毒性腹泻/黏膜病、赤羽病、牛皮蝇蛆病。

3. 马病(10 种)

马传染性贫血、马流行性淋巴管炎、马鼻疽、马病毒性动脉炎、委内瑞拉马脑脊髓炎、马脑脊髓炎(东部和西部)、马传染性子宫炎、亨德拉病、马腺疫、溃疡性淋巴管炎。

4. 猪病(13 种)

猪繁殖与呼吸综合征、猪细小病毒感染、猪丹毒、猪链球菌病、猪萎缩性鼻炎、猪支原体肺炎、猪圆环病毒感染、革拉泽氏病(副猪嗜血杆菌)、猪流行性感冒、猪传染性胃肠炎、猪铁士古病毒性脑脊髓炎(原称猪肠病毒脑脊髓炎、捷申或塔尔凡病)、猪密螺旋体痢疾、猪传染性胸膜肺炎。

5. 禽病(20 种)

鸭病毒性肠炎(鸭瘟)、鸡传染性喉气管炎、鸡传染性支气管炎、传染性法氏囊病、马立克氏病、鸡产蛋下降综合征、禽白血病、禽痘、鸭病毒性肝炎、鹅细小病毒感染(小鹅瘟)、鸡白痢、禽伤寒、禽支原体病(鸡败血支原体、滑液囊支原体)、低致病性禽流感、禽网状内皮组织增殖症、禽衣原体病(鹦鹉热)、鸡病毒性关节炎、禽螺旋体病、住白细胞原虫病(急性白冠病)。

6. 羊病(4 种)

山羊关节炎/脑炎、梅迪-维斯纳病、边界病、羊传染性脓疱皮炎。

7. 水生动物病(44 种)

鲤春病毒血症、流行性造血器官坏死病、传染性造血器官坏死病、病毒性出血性败血症、流行性溃疡综合征、鲑鱼三代虫感染、真鲷虹彩病毒病、锦鲤疱疹病毒病、鲑传染性贫血、病毒性神经坏死病、斑点叉尾鮰病毒病、鲍疱疹样病毒感染、牡蛎包拉米虫感染、杀蛎包拉米虫感染、折光马尔太虫感染、奥尔森派琴虫感染、海水派琴虫感染、加州立克次体感染、白斑综合征、传染性皮下和造血器官坏死病、传染性肌肉坏死病、桃拉综合征、罗氏沼虾白尾病、黄头病、螯虾瘟、箭毒蛙壶菌感染、蛙病毒感染、异尖线虫病、坏死性肝胰腺炎、传染性脾肾坏死病、刺激隐核虫病、淡水鱼细菌性败血症、对虾杆状病毒病、鮰类肠败血症、迟缓爱德华氏菌病、小瓜虫病、黏孢子虫病、指环虫病、鱼链球菌病、河蟹颤抖病、斑节对虾杆状病毒病、鲍脓疱病、鳖腮腺炎病、蛙脑膜炎败血金黄杆菌病。

8. 蜂病(6 种)

蜜蜂盾螨病、美洲蜂幼虫腐臭病、欧洲蜂幼虫腐臭病、蜜蜂瓦螨病、蜂房小甲虫病(蜂窝甲虫)、蜜蜂亮热厉螨病。

9. 其他动物病(14 种)

鹿慢性消耗性疾病、兔黏液瘤病、兔出血症、猴痘、猴疱疹病毒Ⅰ型(B病毒)感染症、猴病毒性免疫缺陷综合征、埃博拉出血热、马尔堡出血热、犬瘟热、犬传染性肝炎、犬细小病毒感染、水貂阿留申病、水貂病毒性肠炎、猫泛白细胞减少症(猫传染性肠炎)。

附录三　中华人民共和国一、二、三类动物疫病病种名录

一类动物疫病(17 种)

口蹄疫、猪水疱病、猪瘟、非洲猪瘟、高致病性猪蓝耳病、非洲马瘟、牛瘟、牛传染性胸膜肺炎、牛海绵状脑病、痒病、蓝舌病、小反刍兽疫、绵羊痘和山羊痘、高致病性禽流感、新城疫、鲤春病毒血症、白斑综合征。

二类动物疫病(77 种)

多种动物共患病(9 种):狂犬病、布鲁氏菌病、炭疽、伪狂犬病、魏氏梭菌病、副结核病、弓形虫病、棘球蚴病、钩端螺旋体病。

牛病(8 种):牛结核病、牛传染性鼻气管炎、牛恶性卡他热、牛白血病、牛出血性败血病、牛梨形虫病(牛焦虫病)、牛锥虫病、日本血吸虫病。

绵羊和山羊病(2 种):山羊关节炎脑炎、梅迪-维斯纳病。

猪病(12 种):猪繁殖与呼吸综合征(经典猪蓝耳病)、猪乙型脑炎、猪细小病毒病、猪丹毒、猪肺疫、猪链球菌病、猪传染性萎缩性鼻炎、猪支原体肺炎、旋毛虫病、猪囊尾蚴病、猪圆环病毒病、副猪嗜血杆菌病。

马病(5 种):马传染性贫血、马流行性淋巴管炎、马鼻疽、马巴贝斯虫病、伊氏锥虫病。

禽病(18 种):鸡传染性喉气管炎、鸡传染性支气管炎、传染性法氏囊病、马立克氏病、产蛋下降综合征、禽白血病、禽痘、鸭瘟、鸭病毒性肝炎、鸭浆膜炎、小鹅瘟、禽霍乱、鸡白痢、禽伤寒、鸡败血支原体感染、鸡球虫病、低致病性禽流感、禽网状内皮组织增殖症。

兔病(4 种):兔病毒性出血病、兔黏液瘤病、野兔热、兔球虫病。

蜜蜂病(2 种):美洲幼虫腐臭病、欧洲幼虫腐臭病。

鱼类病(11 种):草鱼出血病、传染性脾肾坏死病、锦鲤疱疹病毒病、刺激隐核虫病、淡水鱼细菌性败血症、病毒性神经坏死病、流行性造血器官坏死病、斑点叉尾鮰病毒病、传染性造血器官坏死病、病毒性出血性败血症、流行性溃疡综合征。

甲壳类病(6 种):桃拉综合征、黄头病、罗氏沼虾白尾病、对虾杆状病毒病、传染性皮下和造血器官坏死病、传染性肌肉坏死病。

三类动物疫病(63 种)

多种动物共患病(8 种):大肠杆菌病、李氏杆菌病、类鼻疽、放线菌病、肝片吸虫病、丝虫病、附红细胞体病、Q 热。

牛病(5 种):牛流行热、牛病毒性腹泻/黏膜病、牛生殖道弯曲杆菌病、毛滴虫病、牛皮蝇蛆病。

绵羊和山羊病(6 种):肺腺瘤病、传染性脓疱、羊肠毒血症、干酪性淋巴结炎、绵羊疥癣、绵羊地方性流产。

马病(5 种):马流行性感冒、马腺疫、马鼻腔肺炎、溃疡性淋巴管炎、马媾疫。

猪病(4 种):猪传染性胃肠炎、猪流行性感冒、猪副伤寒、猪密螺旋体痢疾。

禽病(4 种):鸡病毒性关节炎、禽传染性脑脊髓炎、传染性鼻炎、禽结核病。

蚕、蜂病(7 种):蚕型多角体病、蚕白僵病、蜂螨病、瓦螨病、亮热厉螨病、蜜蜂孢子虫病、白垩病。

犬猫等动物病(7 种):水貂阿留申病、水貂病毒性肠炎、犬瘟热、犬细小病毒病、犬传染性肝炎、猫泛白细胞减少症、利什曼病。

鱼类病(7 种):鮰类肠败血症、迟缓爱德华氏菌病、小瓜虫病、黏孢子虫病、三代虫病、指环虫病、链球菌病。

甲壳类病(2 种):河蟹颤抖病、斑节对虾杆状病毒病。

贝类病(6 种):鲍脓疱病、鲍立克次体病、鲍病毒性死亡病、包拉米虫病、折光马尔太虫病、奥尔森派琴虫病。

两栖与爬行类病(2 种):鳖腮腺炎病、蛙脑膜炎败血金黄杆菌病。

附录四　优先防治和重点防范的动物疫病

2012 年 5 月 2 日,《国家中长期动物疫病防治规划(2012—2020 年)》经国务院常务会议审议通过,由国务院办公厅发布实施。这是中华人民共和国成立以来,第一个指导全国动物疫病防治工作的综合性规划,标志着动物疫病防治工作进入了规划引领、科学防治的新阶段。根据规划,我国优先防治和重点防范的动物疫病有 29 种。

1. 优先防治的国内动物疫病(16 种)

一类动物疫病(5 种):口蹄疫(A 型、亚洲Ⅰ型、O 型)、高致病性禽流感、高致病性猪蓝耳病、猪瘟、新城疫。

二类动物疫病(11 种):布鲁氏菌病、奶牛结核病、狂犬病、血吸虫病、包虫病、马鼻疽、马传染性贫血、沙门氏菌病、禽白血病、猪伪狂犬病、猪繁殖与呼吸综合征(经典猪蓝耳病)。

2. 重点防范的外来动物疫病(13 种)

一类动物疫病(9 种):牛海绵状脑病、非洲猪瘟、绵羊痒病、小反刍兽疫、牛传染性胸膜肺炎、口蹄疫(C 型、SAT1 型、SAT2 型、SAT3 型)、猪水疱病、非洲马瘟、H7 亚型禽流感。

未纳入病种分类名录但传入风险增加的动物疫病(4 种):水疱性口炎、尼帕病、西尼罗河热、裂谷热。

附录五　体外抗菌药物敏感性试验

体外抗菌药物敏感性试验简称药敏试验（AST），是指在体外测定药物抑菌或杀菌能力的试验，旨在了解病原微生物对各种抗生素的敏感（或耐受）程度，以指导临床合理选用抗生素类药物。

目　　的

掌握药敏试验的操作方法、结果的判读与解释及其临床意义。

内容及方法

一、主要材料

普通营养琼脂培养基（做不同细菌的药敏试验可选择不同的培养基）、药敏试纸（购买或自制）、菌种或待测细菌、眼科镊子、接种环、酒精灯、温箱。

MH 琼脂（MHA）：称取本品 42.0 g，加热溶解于 1 000 mL 蒸馏水中，121℃高压灭菌 15 min，待冷至 50℃，倾入无菌平皿，备用。

0.5 麦氏单位比浊管：0.048 mol/L $BaCl_2$（1.17%，W/V；$BaCl_2 \cdot 2H_2O$）0.5 mL 0.36 mol/L H_2SO_4（1%，V/V）99.5 mL 将二液混合，置螺口试管中，放室温暗处保存。有效期为 6 个月。

二、实验操作

（1）将待检菌接种于普通营养琼脂平板，37℃培养 16～18 h，然后挑取普通营养琼脂平板上的纯培养菌落，悬于 3 mL 生理盐水中，混匀后与菌液比浊管比浊。以有黑字的白纸为背景，调整浊度与比浊管（0.5 麦氏单位）相同。

（2）用无菌棉拭子蘸取菌液，在管壁上挤压去掉多余菌液。用棉拭子涂布整个 MH 培养基表面，反复 3 次，每次将平板旋转 60°，最后沿平板内缘涂抹一周，保证涂均匀。

（3）待平板上的水分被琼脂完全吸收后再贴纸片。用无菌镊子取药敏纸片贴在平板表面，纸片一贴就不可再拿起。每个平板贴 7 张纸片，纸片间距不少于 24 mm，纸片中心距平皿边缘不少于 15 mm(附图 5-1)。在菌接种后 15 min 贴完纸片。

(4)将平板翻转,37℃孵育 18～24 h 后取出,用游标卡尺测量抑菌圈(附图 5-2)直径,从平板背面测量最接近的整数并记录。抑菌圈的边缘以肉眼见不到细菌明显生长为限。有的菌株可出现蔓延生长,进入抑菌圈,磺胺药在抑菌圈内出现轻微生长,这些都不作为抑菌圈的边缘。结果判定依据所鉴定药敏纸片判定标准。

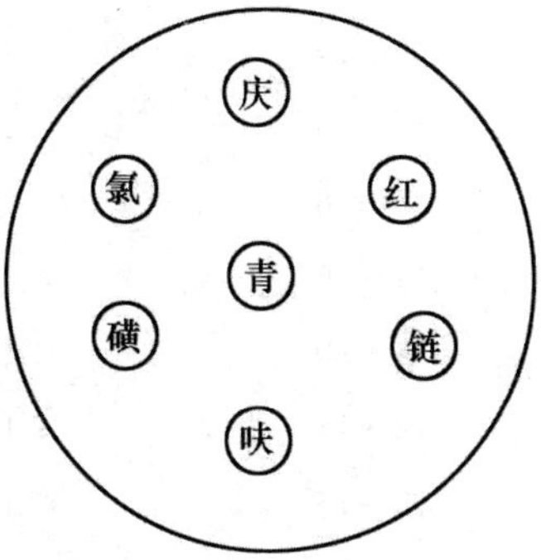

附图 5-1 药敏纸片的贴法

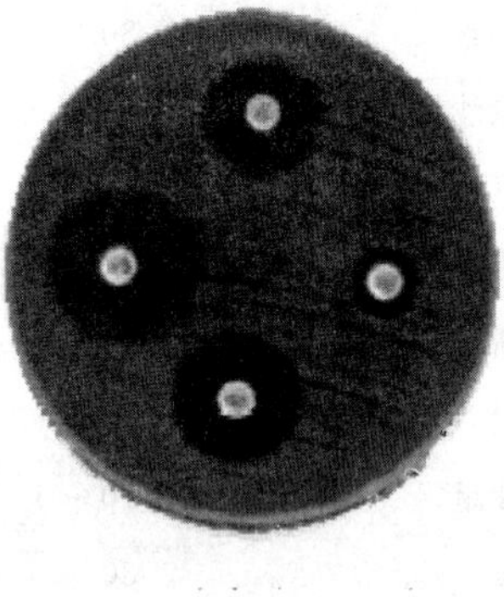

附图 5-2 药敏试验产生的抑菌圈

(5)每次药敏试验必须用 ATCC 25922 大肠杆菌做质控。只有当质控菌株的抑菌圈直径在允许范围内测试菌株的结果才可以报告。

三、结果判定

观察药敏纸片周围有无抑菌圈,量取其直径,用 mm 记录。按抑菌圈直径的大小报告高敏、中敏、耐药。具体标准可参考《抗微生物药物敏感性试验执行标准》(附表 5-1)。

四、注意事项

(1)制备 MH 琼脂平板应用直径 90 mm 平皿,在水平的实验台上倾注。琼脂厚为(4±0.5) mm(25～30 mL 培养基),琼脂凝固后塑料包装放 4℃保存,在 5 天内用完,使用前应在 37℃培养箱烤干平皿表面水滴。倾注平皿前应用 pH 计测 pH 是否正确(pH 应为 7.3)。pH 过低会导致氨基糖苷类、大环内酯类失效,而青霉素活力增强。

(2)药敏纸片长期储存应于－20℃,日常使用的小量纸片可放在 4℃,但应置于含干燥剂的密封容器内。使用时从低温取出后,放置平衡到室温后才可打开,用完后应立即将纸片放回冰箱内的密封容器内。过期纸片不能使用,应弃去。

(3)不稳定药物如亚胺培南、头孢克洛、克拉维酸复合药等,应冷冻保存,最好在－40℃以下。

(4)保证质控菌株不变异的简便方法:将新得到的冻干菌株接种含血的 MH 平板复活。然后每株细菌接种 10 支高层琼脂管,放置冰箱保存。每月取出一支,传出细菌供常规用。待用剩至最后一支,可传种在 MH 平板上,再接种一批高层琼脂管备用。如此可保证原始菌种永不接触抗生素。

附表 5-1　肠杆菌科药物敏感性判断标准

抗菌药物	纸片含药量/μg	抑菌圈直径/mm		
		高度敏感(S)	中度敏感(I)	耐药(R)
庆大霉素	10	≥15	13～14	≤12
阿米卡星	30	≥17	15～16	≤14
卡那霉素	30	≥18	14～17	≤13
多西环素	30	≥16	13～15	≤12
左氧氟沙星	5	≥17	14～16	≤13
头孢克肟	5	≥19	16～18	≤15
氨苄西林	5	≥17	14～16	≤13
头孢曲松	30	≥21	14～20	≤13
链霉素	10	≥15	12～14	≤11
诺氟沙星	10	≥17	13～16	≤12
氯霉素	30	≥18	13～17	≤12
磺胺药	250 或 300	≥17	13～16	≤12
磷霉素	200	≥16	13～15	≤12
妥布霉素	10	≥15	13～14	≤12